AF363463

ÉLÉMENS

DE

L'ART VÉTÉRINAIRE.

Prix des 2 volumes brochés...... **8 francs.**

ÉLÉMENS

DE

L'ART VÉTÉRINAIRE.

PRÉCIS ANATOMIQUE

DU CORPS DU CHEVAL,

COMPARÉ AVEC CELUI DU BŒUF ET DU MOUTON,

A l'usage des Élèves des Écoles Vétérinaires.

PAR C. BOURGELAT.

Troisieme Édition, corrigée & augmentée.

TOME I.

A PARIS;

De l'IMPRIMERIE & dans la LIBRAIRIE VÉTÉRINAIRE
de la Citoyenne HUZARD, rue de l'Éperon, N°. 11,
quartier St.-André-des-Arts.

AN VI de la République Franç.

.... Nous ouvrons .... les voies ..., d'autres que
nous reculeront les bornes auxquelles nous nous
ferons arrêtés.

Avertissement, page xv.

AVIS DE L'ÉDITEUR.

BOURGELAT *publia d'abord cet Ouvrage, sous le titre général de Zootomie ou Anatomie comparée; il vouloit successivement embrasser tous les Animaux domestiques, & en les comparant à l'Homme, traiter leur anatomie, comme il avoit traité celle du Cheval; il fut obligé de restreindre son plan, & il substitua à ce titre général celui que l'Ouvrage porte aujourd'hui. Des observations recueillies sur les différences qui existent entre les principaux visceres du Taureau, du Belier & leurs femelles, comparés à ceux du Cheval, resterent éparses entre les mains des éleves, qui n'en faisoient, comme il arrive de tous les cahiers d'études, que des copies plus ou moins défectueuses; l'Auteur attendoit pour les publier, qu'elles fussent plus nombreuses, mais sa mort l'empêcha d'exécuter ce dessein; je les joignis à la précédente édition, & on les retrouvera dans celle-ci.*

La premiere partie, contenant l'Introduction à l'étude de l'Anatomie, & le Précis hippostéologique, parut en 1766, à Paris, chez Vallat-la-Chapelle, Libraire, au Palais.

La seconde partie, qui renferme le Précis myologique, précédé d'une idée générale de la Sarcologie, fut publiée l'année suivante. Ces deux parties parurent avec le titre général de l'Ouvrage.

La troisieme partie parut en 1768, sous le titre particulier de Précis angéiologique, névrologique

& adénologique, ou Traité abrégé des vaiffeaux fanguins, des vaiffeaux nerveux, & des glandes du Cheval.

La quatrieme partie parut en 1769, auffi fous le titre particulier de Précis fplanchnologique, ou Traité abrégé des vifceres du Cheval.

Cette partie étoit elle-même divifée en trois autres qui formoient chacune un cahier féparé, avec le même titre ; la premiere traite des vifceres de l'abdomen, la feconde de ceux de la poitrine, & la troifieme de ceux de la tête.

Tous ces cahiers étoient néanmoins paginés de fuite &, non compris les titres, ils formoient un volume de 530 pages, avec la table.

Cette même année 1769, l'Auteur fit l'avertiffement qu'on trouve en tête, & donna à l'Ouvrage le titre de Précis anatomique du corps du Cheval.

Des fautes qui avoient été commifes dans les diffections, & quelques erreurs typographiques, pouvoient nuire au progrès des études, tout fut rectifié, feize cartons furent réimprimés, & remplacerent dans les exemplaires qui furent diftribués depuis 1769, les fautes laiffées dans les précédents.

Les exemplaires qu'on trouve fous la date de 1766, & avec le titre général de Zootomie ou Anatomie comparée, ne different donc de ceux de 1769, que par les cartons, & forment une feule & même édition.

La feconde édition fut commencée en 1791, mais la premiere partie fut feulement achevée ; les fonctions publiques dont je fus chargé alors, reculerent jufqu'en 1793 la publication de cette édition, qui parut avec la date de cette année, au moyen de la réimpreffion du titre : ainfi les exemplaires qui portent la date de 1791, chez la veuve Vallat-la-Chapelle,

& ceux qui portent celle de 1793, chez J.-B. Huzard, ne forment également qu'une seule & même édition.

Cette seconde édition est augmentée 1°. des Observations sur les différences qui existent entre les visceres du Bœuf, du Mouton & ceux du Cheval, observations dont j'ai déjà parlé. 2°. Des Recherches sur les causes de l'impossibilité dans laquelle les Chevaux sont de vomir. 3°. Des Recherches sur le méchanisme de la rumination (1). 4°. Enfin, d'une Table très-étendue ; j'ai aussi corrigé quelques fautes échappées à la premiere édition.

Ces augmentations porterent le volume à 654 pag. & le firent diviser en 2, pour la facilité des études.

La troisieme édition que je publie aujourd'hui, ne differe de la précédente, 1°. que par l'exécution typographique ; je l'ai interlignée, comme le Traité de la connoissance extérieure du Cheval, & j'ai rendu compte dans la Préface de cet Ouvrage des motifs qui m'avoient déterminé, il est inutile de les répéter ici ; il suffit qu'on sache que cette augmentation du nombre de pages n'en apporte aucune au prix de l'Ouvrage. 2°. Que parce que j'ai cru devoir ajouter, lorsque l'occasion s'est présentée, les nouveaux poids & les nouvelles mesures, pour en faciliter l'étude aux éleves.

Je ne dois pas laisser ignorer que le C. Fragonard, anatomiste distingué, digne émule de Ruysch, pour

----

(1) L'extrait de ces deux Mémoires a été imprimé dans les Journaux d'agriculture des mois de Mars, Juin & Juillet 1778 ; j'ai cru devoir les réimprimer en entier à la suite du Précis anatomique, dont ils font nécessairement partie, & où ils seront plus à la portée des éleves.

A 4

les injections, ancien directeur de l'École vétérinaire d'Alfort, & aujourd'hui attaché à l'École de Médecine de Paris, a fait avec Bourgelat la plus grande partie des travaux anatomiques dont cet Ouvrage est le résultat.

Je dois dire encore que Vicq-d'Azyr, dont le témoignage est d'un grand poids en anatomie, se plaisoit à répéter que ce Précis anatomique du corps du Cheval, étoit le mieux fait & le plus exact de tous ceux qu'il connoissoit.

Il ne me reste plus qu'à dire un mot des traductions de cet Ouvrage.

Les Allemands furent les premiers qui le firent passer dans leur langue, j'ignore à qui nous devons cette traduction qui fut imprimée à Dantzick, en 1772, & dont voici le titre : Anfangsgründe der vieharzneykunst, oder kurzer Begriff von der Zergliederung des Pferdes. Zum Behuf der lehrlinge in den Kœnigl. Vieharzneyschulen von herrn Bourgelat, &c. Aus dem Franzœsischen übersetzt. Danzig, bey Jobst Hermann Flœrke, 1772, petit in-8°, de 8 feuillets non chiffrés pour le titre & l'avertissement, 728 pages de texte, & 2 feuillets non chiffrés pour l'errata. Elle est littérale.

Les Recherches sur le méchanisme de la rumination furent aussi traduites en allemand, & imprimées à Zerbst, l'année suivante, sous ce titre : Supplement oder zusœtze zudem kurzen Begriff von der zergliederung des Pferdes, worinnen die aller merkwürdigsten unterschiede unter denen Eingeweiden derer wiederkœuenden thiere sich befinden, von herrn Bourgelat, &c. Aus dessen Franzœsischer, handscrift übersetzet. Zerbst, Zimmermann, 1773, in-8°, de 102 pages. Je n'ai pas vu cette *traduction qui est citée par* MM. Henz & Boehmer (1).

M. Odoardi *a traduit le Précis anatomique en italien*, *& cette traduction a été imprimée à Belluno*, *en* 1778, *sous le titre de* Compendio anatomico del corpo del Cavallo, *2 vol. in-8°*; *ils forment les tomes V & VI des* Opere Veterinarie de Bourgelat *que* M. Odoardi *a publiés*.

Le premier volume a 2 feuillets non chiffrés pour les titres; *xxxvj pages pour le discours préliminaire du tome II, premiere partie*; *des* Élémens d'Hippiatrique, *que* M. Odoardi *a traduit & reporté en tête de ce volume*, *parce que Bourgelat y passe en revue les auteurs qui se sont occupés avant lui de l'anatomie des Animaux*, *& qu'il indique le plan qu'il se proposoit de suivre*; *400 pages pour le texte, la table & l'approbation*. *Il est terminé par le Précis adénologique*.

Le tome second a viij pages pour les titres & un avis du Traducteur; *384 pages pour le texte, la table, le Mémoire sur les raisons qui empêchent les Chevaux de vomir, placé immédiatement après*; *un errata pour les quatre volumes précédens, fournis par* M. Brugnone, *directeur de l'Ecole vétérinaire de Turin, & l'approbation*.

Le Mémoire sur les estomacs des ruminans & sur la rumination, traduit aussi en italien, se trouve en tête du tome VIII des mêmes Œuvres, publiés par M. Odoardi; *il a 78 pages*. *On le trouve encore dans le Journal littéraire d'Italie, tome X*.

---

(1) Voyez *Entwurf eines verzeichnisses veterinarischer bücher, &c.* Gœttingen, 1781, page 14. — *Bibliotheca Scriptorum historiæ naturalis Œconomiæ, &c.* Lipsiæ, 1786, pars II, vol. I, page 427.

M. Odoardi a traduit littéralement tout l'Ouvrage; il y a ajouté quelques notes dont je ne négligerai pas de faire usage lorsqu'elles me paroîtront nécessaires.

Enfin M. Malats, éleve de l'École vétérinaire d'Alfort, & l'un des directeurs du collége vétérinaire de Madrid, l'a aussi traduit en espagnol, & il a été imprimé à Madrid par ordre du gouvernement en 1793 & 1794. en quatre volumes in-4°, sous le titre général de Elementos de veterinaria.

Le premier volume a 3 feuillets non chiffrés pour le titre & l'épitre dédicatoire au Roi; XLII pages pour un prologue du traducteur, la table alphabétique des matieres contenues dans le volume & l'errata, 136 pages de texte qui ne contient que l'Hippostéologie.

Le second volume a un feuillet pour le titre; XXVI pages pour la table alphabétique & l'errata; 244 pages de texte qui contient le Précis myologique.

Le troisieme volume, un feuillet pour le titre, XXII pages pour la table, 196 pour le texte & les errata. Le volume renferme les Précis angéiologique, névrologique & adénologique.

Le quatrieme enfin, a également un feuillet pour le titre, XXII pages pour la table & les errata, & 444 pages de texte, qui renferme les trois parties de la Splanchnologie.

Cette traduction, comme les précédentes, est littérale; M. Malats en a retranché l'avertissement de l'auteur, & il n'y a joint ni les Recherches sur l'impossibilité dans laquelle sont les Chevaux de vomir, ni celles sur la rumination. Elle est très-soignée, quant à la partie typographique.

A Paris, le 1er. Messidor, an VI de la République.

AVERTISSEMENT DE L'AUTEUR.

L'Ouvrage que nous publions, est purement élémentaire. L'exactitude, la précision & la clarté sont les points auxquels nous nous sommes efforcés d'atteindre, & les seuls en effet qui importent véritablement à ceux pour lesquels notre travail est spécialement destiné.

La matiere est séche, difficile & rebutante par elle-même. Cette considération nous avoit engagé à la traiter, en quelque façon, historiquement, & à l'assaisonner de plusieurs traits capables de sauver aux lecteurs l'ennui d'une foule de descriptions monotones (1); mais après avoir sondé à plusieurs reprises, & de différentes manieres, l'esprit & l'intelligence de nos éleves, nous avons vu que des détails ornés & étendus surchargeoient, d'une part, inutilement leur mémoire, & les distrayoient, de l'autre, des objets qui leur étoit essentiel de saisir; nous avons donc été forcés de leur en présenter toutes les faces nuement, & sous la forme la plus

---

(1) Ce plan avoit été suivi par l'Auteur dans les *Élémens d'Hippiatrique,* publiés en 1750, 51 & 53. (*Note de l'Éditeur.*)

concife & la plus fimple, ainfi plufieurs volumes ont été infenfiblement réduits à trois, à deux & enfuite en un feul.

Cet abrégé anatomique du corps du cheval n'en renferme pas moins tout ce qu'il doit contenir d'intéreffant & de néceffaire ; nous nous fommes fur-tout auftèrement attaché à l'ordre dans lequel toutes les portions à envifager s'offrent naturellement au fcapel, & nous avons eu cette fatisfaction, que plufieurs de nos difciples font parvenus, fans autre fecours que celui de leurs cahiers, à la découverte de celles qui font le plus compliquées. Convaincus alors que nous avions touché le but, nous nous fommes arrêtés & fixés à cette efpèce de Compendium, dont celui d'Héifter nous a fait naître l'idée, & que les anatomiftes du corps humain pourront regarder comme une forte de table indicative des différences remarquables qui exiftent entre l'animal & le fujet qui eft l'objet perpétuel de leurs recherches. Elles ne feroient peut-être pas auffi nombreufes qu'elles le paroiffent, s'il étoit permis de démêler avec autant de facilité la ftructure de parties exigües, que la fabrique & la compofition de celles qui font volumineufes. L'anatomie des animaux fraya d'abord le chemin à l'anatomie de l'homme ; on s'eft enfuite très-férieufement occupé de celle-ci, & l'on a malheureufement trop négligé la premiere ; car une étude constante de l'une & de l'autre auroit infailliblement accru du double & du triple de sa valeur la somme des lumieres que l'on a acquises. Rien n'étoit en effet plus propre à étendre, à multiplier & à assurer les connoissances en ce genre, qu'une comparaison rigoureuse & toujours suivie ; elle auroit épargné bien des écarts, & fourni infailliblement une immensité de richesses à la physiologie ou à la philosophie des corps animés. Tel est aussi le flambeau dont se sont armés des hommes vraiment célebres, ardens à interroger & à scruter la nature, mais trop sages pour oser s'arroger le droit de suppléer par des explications arbitraires & par de vagues possibilités à ce qu'il leur étoit difficile ou impossible d'appercevoir & de comprendre. Nous les avons vus avec transport charger nos écoles, du fond des républiques & des états qu'ils honorent, d'éclaircir leurs doutes & de vérifier dans l'animal les faits sur lesquels leurs idées étoient appuyées (1), comme nous en

---

(1) L'illustre *van Swieten* nous a consulté sur les effets du sublimé corrosif donné, à différentes doses, à diverses especes d'animaux.

Le célebre *de Haller* a fait faire à l'école de Lyon, nombre d'expériences dont il est fait mention dans sa grande Physiologie, & qui ont été pratiquées sous les yeux de M. *Rast* le fils, médecin du collége de la même ville.

De Sauvages avoit demandé quelque temps avant sa mort,

voyons encore avec reconnoiſſance pluſieurs dans cette capitale, ne pas dédaigner de juger publiquement des efforts de nos éleves, les encourager par leurs applaudiſſemens & nous récompenſer glorieuſement nous-mêmes, en nous accordant leurs ſuffrages.

Il eût été, ſans doute, plus prudent de ne pas nous hâter, & d'attendre encore du temps, du travail & de la réflexion, ſinon la perfection de cet ouvrage, du moins la diminution du nombre des erreurs dont il eſt à craindre que nous ſoyons coupables, mais des copies infidelles,

---

un état des maladies des Animaux comparables à celles de l'Homme.

MM. *Pouteau, Charmeton* & *Fleurant,* membres du collége de Chirurgie de Lyon, ont tenté à diverſes fois nombre d'épreuves, tant en ce qui concerne les réſultats de certaines ſubſtances données, qu'en ce qui regarde des opérations, &c. (*Note de l'Auteur.*)

On connoit encore les expériences & les obſervations ſur la cauſe de la mort des noyés, faites publiquement à l'école de Lyon, en 1768, ſur des animaux, par MM. *Faiſſole* & *Champeaux,* membres du collége de Chirurgie.

M. *Saillant,* médecin de la Faculté de Paris, a fait, en 1783, des expériences à l'école vétérinaire d'Alfort, pour découvrir le ſiége & la cauſe de l'épilepſie.

C'eſt à cette même école où *Vicq-d'Azyr* a fait tous ſes grands travaux anatomiques, & je pourrois accumuler ici une foule de citations ſemblables. (*Note de l'Éditeur*).

travefties de maniere à ajouter à nos propres fautes des fautes encore plus groffieres, pourroient en avoir impofé au public, & notre premier devoir eft de le garantir du piége. Toutes celles que nous avions commifes dans nos écrits précédens, font ici foigneufement corrigées. L'infpection réfléchie d'une infinité de cadavres nous les a fait appercevoir, & nous a prouvé que la plus grande attention donnée à la diffection de quelques fujets feulement, ne fuffit point à qui veut bien voir & bien écrire. Le corps animal eft d'ailleurs, ainfi que le corps humain, un labyrinthe dont vainement fe flatteroit-on de deviner tous les détours; à peine marchons-nous avec quelque fûreté dans les grandes routes; que l'on parcoure tout ce qui nous a été tranfmis depuis Mundinus, Carpi, Vefâle, jufques à Winflow, & l'on fera convaincu par les variations énormes que l'on trouvera dans les différentes expofitions des parties qui frappent le plus évidemment les fens, que le témoignage des yeux ne fauve point de l'illufion, & n'eft que trop fouvent très-équivoque.

Au furplus, nous ouvrons fimplement les voies, & il ne falloit pas moins de vingt années de veilles & d'application pour défricher & pour préparer le terrein. D'autres que nous reculeront les bornes auxquelles nous nous ſerons arrêtés. Le champ vaſte & inculte dont nous arrachons avec tant de peine les ronces & les épines, deviendra fertile dans leurs mains ; ils extirperont peut-être juſques à la racine des préjugés ; & leurs travaux, ainſi que leurs ſuccès, apprendront vraiſemblablement enfin, que les lumieres qu'exige le traitement des animaux, n'ont point eté & ne ſeront jamais, par un privilége ſpécial ou par infuſion, données & accordées indifféremment à quiconque veut s'y livrer.

ÉLÉMENS

ÉLÉMENS

DE

L'ART VÉTÉRINAIRE.

DE L'ANATOMIE EN GÉNÉRAL.

INTRODUCTION.

Des Parties qui concourent à former celles qui font contenues dans l'intérieur des Animaux.

I. L'ANATOMIE eſt une ſcience par le moyen de laquelle nous parvenons avec ſuccès à la diſſection ou à la décompoſition artificielle du corps de l'homme & des animaux. Dans ce dernier cas, on la nomme proprement *zootomie*, ou *anatomie comparée*.

Elle eſt la bâſe de l'art vétérinaire, comme elle eſt le fondement de la médecine humaine.

Elle expoſe à nos yeux le nombre prodigieux des parties qui entrent dans la formation des

Tome I.   B

corps, leurs différences, leurs rapports, leur ftructure & leur fituation.

II. On la divife ordinairement en deux parties :
en celle qui traite des parties qui ont de la folidité,
& qu'on appelle parties dures, & en celle qui en-
vifage en général les parties qui font molles. L'une
eft l'*oftéologie*, l'autre eft la *farcologie*.

La *farcologie* comprend généralement les vifceres, les mufcles, les vaiffeaux, les nerfs, les
glandes : auffi la fubdivife-t-on en fplanchnologie,
en myologie, en angéiologie, en névrologie & en
adénologie.

III. La machine animale eft un compofé de
vaiffeaux. L'examen de cette machine fe réduit
donc à celui de deux fortes de parties, dont les
unes font folides, & les autres fluides.

IV. Les parties folides font celles dans lefquelles
les fluides font contenus, & circulent fans ceffe,
tant que la machine eft vivante. Ces parties font
formées par une union & un affemblage de
fibres.

Les fibres font des filamens ou de petits corps
extrêmement déliés, capables de reffort & douées
d'élafticité, & dont là ténuité eft telle, qu'ils fe
dérobent même à l'œil le plus perçant.

Elles reçoivent différens noms felon la différence de leurs arrangemens, de leur direction, de

leur fubftance, de leur ftructure, de leur volume
& de leurs ufages.

V. Toutes les parties qu'elles forment fous le
nom de folides, font les os, les cartilages, les ligamens, les membranes, les vaiffeaux, les nerfs,
les mufcles, les glandes & les vifceres. Il eft par
conféquent des fibres offeufes, cartilagineufes,
ligamenteufes, membraneufes, tendineufes, muf-
culeufes, charnues, &c. comme il en eft de longitudinales, de tranfverfales, d'obliques, de circulaires, de fpirales, &c.

VI. Des fibres diverfement rangées forment les
os; le tiffu en eft infiniment plus compact que
celui des autres parties.

VII. Les cartilages ne différent des os, que du plus
ou du moins de fermeté: la fubftance en eft polie,
élaftique, fouple & blanchâtre.

Les uns font durs, & deviennent offeux avec
le temps; les autres font plus mols, & compofent
même des parties, comme les cartilages des nafeaux & des oreilles: il en eft de plus mols, qui
tiennent de la nature du ligament, & dès-lors on
les nomme cartilages ligamenteux.

VIII. Les ligamens font formés de parties fibreufes,
blanches, & plus flexibles que celles des cartilages.

IX. Des tiffus de fibres croifées & entrelacées en
plufieurs fens, mais prefque toujours fur un même

plan, forment des efpeces de toiles plus étendues, moins roides & moins fortes que les ligamens. On les appelle membranes.

Leur fineffe ou leur épaiffeur, leur fubftance, leur figure, leur fituation & leurs ufages, en font les différences.

Les portions membraneufes les plus minces, fe nomment *pellicules* ou *tuniques* : pofées les unes fur les autres, elles conftruifent des tuyaux, & même des vifceres.

Il en eft de ligamenteufes, de charnues, d'apo-névrotiques, &c.

Eu égard à leur figure, on les nomme *fac*, *poche*, *enveloppe*, *cloifons*, &c.

On les nomme *méninges* au cerveau, *plévre* à la poitrine, *périofte*, lorfqu'elles recouvrent les os, &c.

Elles tapiffent les principales cavités du corps. Elles forment tous les conduits qui fe diftribuent dans toute l'étendue de la machine, pour la circulation des fucs dont elle a befoin. Elles compofent des parties confidérables, comme l'eftomac, les inteftins, la veffie. Elles fervent d'organes aux fenfations extérieures.

X. Roulées en maniere de tuyaux, elles forment les vaiffeaux.

Ceux-ci font ronds, plus ou moins longs ; leur

figure approche de celle d'un cône. Ils se divisent & se subdivisent en un nombre infini de ramifications, dont les dernieres, à raison de leur petitesse, sont connues sous la dénomination de vaisseaux capillaires.

XI. Il est quatre classes de vaisseaux dans la machine animale.

XII. La premiere comprend les vaisseaux nerveux ou les nerfs. Ils se présentent comme des cordons blancs & cylindriques, dont la racine est dans la moëlle allongée & dans la moëlle de l'épine. On présume que ces filets ou cordons sont vasculeux, & qu'un fluide très-subtil appellé esprit animal, suc nerveux, les accompagne, les pénetre, & remplit leurs pores jusqu'à leurs extrémités.

XIII. Les vaisseaux sanguins sont de deux sortes.

Les uns, appellés arteres sanguines, reçoivent le sang du cœur, & le distribuent à toutes les parties du corps. Ces arteres sont fortes, composées de plusieurs lames membraneuses, douées de beaucoup d'élasticité, ce qui les rend susceptibles de deux mouvemens.

Le premier a lieu par la dilatation, & se nomme *diastole* : le second résulte de leur contraction, & se nomme *systole*. Ces deux mouvemens opposés forment le pouls.

La seconde sorte de vaisseaux sanguins, com-

prend les veines qui reçoivent le fang des parties,
& le reportent au cœur. Elles font moins fortes,
quoique compofées également de plufieurs lames
membraneufes, mais plus minces, & moins élaf-
tiques ; auffi n'ont-elles point de mouvemens fenfibles.

Il eft dans leur intérieur des valvules, principalement à celles qui font dans les extrémités. Ces
valvules placées à quelques diftances les unes des
autres, empêchent le fang, qui eft rapporté de la
circonférence au centre par ces vaiffeaux veineux,
de rétrograder & de retourner en arriere.

Les gros troncs des arteres & des veines fe divifent en rameaux, en branches, en ramifications :
les dernieres font, comme nous l'avons dit, les
vaiffeaux capillaires.

Les extrémités capillaires des arteres fourniffent
au furplus aux extrémités capillaires des veines,
& y tranfmettent le fang qui n'a pu fervir à la nourriture des parties, & qui doit être rapporté au cœur.

XIV. On appelle vaiffeaux lymphatiques, des
tuyaux extrêmement fins, qui ont une tunique
tranfparente & déliée : ils font deftinés à charrier
une humeur féreufe mêlée de particules nourri-
cieres, que l'on nomme la lymphe.

Ces vaiffeaux font auffi de deux fortes.

Les arteres lymphatiques femblent partir des di-

viſions des arteres capillaires ſanguines , & condui-
ſent la lymphe dans toutes les parties du corps.

Les veines lymphatiques paroiſſent être la continuation des arteres du même nom ; elles rapportent une portion de la lymphe qui avoit été diſtri-
buée aux différentes parties par les arteres lymphatiques , pour s'en décharger enſuite dans les veines
ſanguines , &c. (1)

XV. Les vaiſſeaux de la quatrieme claſſe ſont de
deux ſortes , ſécrétoires & excrétoires.

Les ſécrétoires ſéparent du ſang quelque liqueur
particuliere. Ils ne prennent pas naiſſance dans la
courbure de l'artere ſanguine , mais dans le vaiſſeau
lymphatique , afin que la liqueur ſe filtre plus pai-
ſiblement.

Les excrétoires ſont plus forts & plus opaques ,
étant formés par la réunion des ſécrétoires ; ils re-

____

(1) Si l'on veut nommer arteres lymphatiques celles du
même genre , mais qui ſe terminent en petits vaiſſeaux à
travers leſquels les globules rouges du ſang ne ſauroient
paſſer, cette même diviſion devroit être également adop ée
par ceux des anatomiſtes qui prétendent que les vaiſſeaux
lymphatiques proprement dit, ſont une eſpece de petites
veines qui prennent naiſſance dans les grandes cavités du
corps , ainſi que dans les plus petites de la membrane cellulaire. Voyez *Haller , Element. Phyſ. corp. Hum. lib. II ,
ſect. I , § V , & ſect. III , § XV.* — *Caldan. Inſt. Phyſiol.
art. 36 , & C. ad. n. n.* 300. (Note de M. Odoardi).

B 4

çoivent la liqueur qui a été séparée , ils la déposent dans quelque partie , ou la transmettent au-dehors.

XVI. Des faisceaux de fibres différemment rangés forment les muscles.

Dans chacun d'eux , excepté dans ceux qui sont circulaires ou creux , on observe trois parties , le milieu , & les extrémités.

Le milieu, qu'on appelle le ventre du muscle , est la partie la plus grosse, la plus rouge , & la seule par laquelle s'exécute la fonction du muscle ; aussi le dit-on composé de fibres motrices : c'est aussi proprement ce qu'on appelle chair.

Les extrémités sont une de chaque côté ; les même fibres les forment : mais là elles sont plus serrées, moins élastiques, & de couleur blanche. (1) Présentent-elles des corps ronds , on les appelle des *tendons*. S'épanouissent-elles en maniere de membranes, on les appelle des *aponévroses*. C'est par ces extrémités que les muscles sont attachés

____

(1) Quelques anatomistes prétendent que les extrémités blanches des muscles ne sont pas une continuation de la fibre musculaire, mais qu'elles tirent leur origine de la membrane cellulaire qui revet ces mêmes muscles, & de l'os dans lequel les extrémités se trouvent insérés. Voyez *Haller , Element. Phys. corp. Hum. lib. XI, sect. I. § XVIII. — Caldan. Inst. Phys. cap. XV, art.* 208. (Note de M. Odoardi).

aux os , ou aux parties qu'ils doivent mouvoir : ils font les inftrumens du mouvement.

XVII. Les glandes font des corps ronds ou ovalaires , formés par l'entrelacement , le concours , les plis & les replis des vaiffeaux capillaires de toute efpece ; c'eft-à-dire , des arteres , des veines fanguines , des vaiffeaux nerveux , lymphatiques & excrétoires : elles font enfermées dans une capfule membraneufe. Leur ufage en fait diftinguer de deux fortes.

Les conglobées , qui ne forment qu'un même corps , & qui ne fervent qu'à féparer ou à perfectionner la lymphe.

Les conglomérées , compofées de plufieurs grains glanduleux , & qui féparent du fang quelque liqueur particuliere.

XVIII. On entend par vifceres , toutes les parties qui fervent aux fonctions vitales ou naturelles , comme le cerveau , les poumons , le cœur , le foie , l'eftomac , les inteftins , les reins , &c.

XIX. On entend par fluides , des molécules très-déliées qui cédent au moindre attouchement , qui fe féparent , qui fe heurtent , & roulent les unes fur les autres.

Ils font répandus dans toute l'étendue de la machine , car elle n'offre pas un feul point où il n'y ait des vaiffeaux.

Ils ont tous une même origine ; ils émanent d'un même principe : ainſi les humeurs principales dérivent toutes du chyle & du ſang proprement dit.

XX. Le chyle eſt une liqueur blanche, laiteuſe : elle differe du ſang en couleur, en ſaveur & en conſiſtance. C'eſt un mêlange qui réſulte des alimens, ſoit qu'ils ſoient tranſmis de la mere au petit par le cordon ombilical, ſoit que l'animal, hors du ventre de ſa mere, s'en ſoit nourri lui même.

Sa formation s'exécute par différentes préparations, dans la bouche, dans l'eſtomac & dans les inteſtins, où il acheve de ſe perfectionner.

XXI. Le ſang eſt une liqueur rouge : ſa conſiſtance eſt plus ſolide que celle de l'eau. Il eſt contenu dans les arteres & veines ſanguines.

On y diſtingue en général une partie rouge ou globuleuſe, & la partie blanche ou la lymphe.

Ces deux parties circulant enſemble, paroiſſent n'en faire qu'une ; mais elles ſe ſéparent ſenſiblement dans le ſang qui eſt hors des vaiſſeaux : la premiere ſe coagule ; la ſeconde eſt aqueuſe : c'eſt ce qu'on appelle la ſéroſité.

Le ſang réſulte du chyle, & ſe renouvelle au moyen des alimens.

XXII. La lymphe eſt en partie gélatineuſe, & en partie ſéreuſe : au moyen des vaiſſeaux lymphatiques qui la contiennent, elle porte dans tout

le corps la nourriture & la matiere des filtrations :
elle revient enſuite ſe rendre dans les veines ſanguines.

Sa portion gélatineuſe reſſemble par ſon muci-
lage à un blanc d'œuf : elle ſe durcit à une légere
chaleur.

XXIII. Il eſt encore d'autres humeurs qui parti-
cipent aux différens mouvemens du ſang, qui ſe
trouvent mêlées & confondues avec lui, & dont
elles ſont une production. Suffiſamment atténuées,
elles ſe ſéparent dans les glandes conglomérées par
le moyen des vaiſſeaux ſécrétoires. C'eſt cette ſépa-
ration que nous nommons ſécrétion.

XXIV. Ces humeurs ſont de trois ſortes. Les
unes ſont repompées, & ſe mêlent de nouveau
dans la maſſe : on les appelle récrémens, ou humeurs récrémentitielles. Tels ſont les eſprits animaux qui ſe ſéparent dans le cerveau, & dont le
réſidu reprend enſuite les voies de la circulation,
pour aller ſouffrir dans ce viſcere de nouvelles préparations. Tel eſt le ſuc nourricier, qui n'eſt autre
choſe qu'une lymphe atténuée, portée continuellement dans toutes les parties de la machine par les
arteres ſanguines, de-là dans les arteres lymphatiques, & dont le réſidu eſt repris par autant de veines lymphatiques qui le rapportent dans les veines
ſanguines.

Les excrémens ou les humeurs excrémenti-
tielles, font celles qui n'ont plus de commerce avec
le fang, & qui font jetées au dehors. Telles font
l'urine, la matiere de l'infenfible tranfpiration,
celle de la fueur, l'humeur muqueufe, &c.

Enfin les excrémens récrémentitiels, c'eft-à-
dire, les humeurs, dont une partie eft jetée hors
des voies de la circulation, tandis que l'autre rentre
dans le torrent, font, par exemple, la falive, la
bile, le fuc inteftinal, &c. & c'eft ainfi que fe divifent toutes les liqueurs émanées du fang.

DE L'OSTÉOLOGIE,

O U

DE LA CONNOISSANCE DES OS.

Des Os en général.

1. LES os font des parties infenfibles, plus ou moins blanches , les plus dures, les plus folides & les plus compactes de toutes celles qui entrent dans la compofition du corps des animaux.

2. Leur nature, leur conformation, leur ftructure, leurs parties, leur grandeur, leurs noms, leur fituation, leur connexion & leurs ufages, font autant de points à envifager.

L'*hippoftéologie* a pour objet les os du corps du cheval ; l'*oiftéologie*, les os du corps de la brebis ; la *boftéologie*, les os du corps du bœuf, &c. C'eft ainfi que cette partie de l'anatomie , connue fous la dénomination générale d'*oftéologie*, eft appellée, felon l'animal dont on fe propofe d'examiner le fquélete.

3. On nomme *fquélete*, l'affemblage ordonnée , fymétrique & régulier de tous les os, foit dans le fquélete naturel , foit dans le fquélete artificiel.

Le premier eft celui dont les os font unis en

conféquence de leurs propres ligamens, & dans lequel on obferve encore les cartilages.

Le fecond eft celui dont les os, après avoir été féparés & défunis, ont été rejoints & remis dans leur premiere difpofition, au moyen de quelque lien artificiel & étranger.

4. Les os forment la charpente de toute la machine : ils font, par leur folidité, le foutien de l'édifice entier; ils lui fervent de bâfe. Le plus grand nombre d'entr'eux eft foumis à l'action des mufcles, c'eft-à-dire, à ces puiffances auxquelles ils fourniffent des attaches, & qui tournent, meuvent & font agir ces parties immobiles par elles-mêmes.

5. Les os font mols dans leur origine : ils paffent, avant d'acquérir la folidité qui les diftingue des parties molles, par tous les degrés d'accroiffement & de confiftance. Leur état de molleffe eft vifible dans l'embryon : leurs fibres, femblables à des ftries de blanc d'œuf, font mobiles en tout fens dans le principe de leur formation, quoique compofées de parties dont la cohéfion eft naturellement plus intime que celle des fibres dont font formées les autres portions du corps ; & c'eft cette cohéfion, cette premiere difpofition à plus de roideur & à moins de flexibilité, qui, diminuant d'une part la force fyftaltique, contraint de l'autre les petits vaiffeaux, de maniere que les liqueurs y font chariées

avec moins de promptitude & d'aifance ; de-là la
ftagnation des parties terreufes & mucilagineufes
contenues dans le fang , & qui, parvenues à l'extrémité des tuyaux, s'y arrêtent, s'y durciffent par
leur féjour, prennent corps avec le vaiffeau même,
l'obftruent , & acquiérent de la folidité. Auffi
voyons-nous que la couleur rouge de l'os diminue,
& que fa confiftance augmente en dureté, à proportion de l'âge du fœtus, parce qu'en effet les liqueurs n'ont plus un libre paffage.

6.   Il eft donc dans les os des vaiffeaux, qui, em-
barraffés & obftrués à raifon de leur exilité & de
leur fineffe , ne prennent plus aucune part à la circulation : mais il en eft d'autres dont le diamètre
étant plus confidérable , ne font pas fufceptibles
des mêmes engorgemens ; & c'eft d'eux feuls que
les os tirent leur nourriture. Ceux-ci pénétrent
dans la fubftance offeufe par des ouvertures très-
fenfibles, dans les os macérés ou qui ont bouillis.
Ils y font difperfés en petit nombre, & ils fuffi-
fent non-feúlement à y porter la matiere du fuc
nourricier , mais à fournir à la moëlle & au fuc
moëlleux. Au refte, ces vaiffeaux ne font point ici
diftribués comme dans tout le refte du corps : les
veines n'accompagnent pas les arteres, elles prennent d'autres routes pour rapporter le fang.

7.   On doit confidérer les os, eu égard à leur ftruc-

ture interne & à leur conformation extérieure ; eu
égard à leur connexion ; enfin eu égard à leurs ufages.

8. La ftructure interne des os conduit à l'examen
de leur fubftance, & des cavités intérieures qu'on
y remarque.

9. Par ce mot de fubftance, on entend le tiffu qui
réfulte du plan général & de l'arrangement des
fibres offeufes. La difpofition différente de ces
fibres a donné lieu à la diftinction d'une fubftance
compacte, d'une fubftance fpongieufe, & d'une
fubftance réticulaire.

La *fubftance compacte* eft celle qui forme le corps
de l'os, qui en détermine la figure, qui en fait &
qui en conftitue la force, attendu l'intimité de l'u-
nion des fibres dans la partie moyenne des os. Elle
eft la plus extérieure & la plus blanche.

La *fubftance fpongieufe* eft dans l'extrémité des
os longs qui ont des cavités, ou dans tout le milieu
des os plats qui n'en ont point. Elle réfulte des
intervalles que les fibres laiffent entr'elles à l'extrémité des os cylindriques, plus volumineufe que
le corps de l'os, & dans les os plats dépourvus
de cavités à leur milieu ; ces intervalles étant autant de cellules qui communiquent enfemble, &
qui reçoivent les vaiffeaux fanguins, & le fuc
gras connu fous le nom de fuc moëlleux, que ces
mêmes vaiffeaux y dépofent.

La

La *subftance réticulaire* n'exifte que dans les cavités des os longs. Plufieurs des fibres s'y féparent
vifiblement les unes des autres , & compofent une
efpece de réfeau en s'y propageant irréguliérement.
Cette fubftance eft deftinée à foutenir la diftribution
des vaiffeaux fanguins qui fourniffent la moëlle , &
à fupporter la moëlle elle-même.

10. Les cavités intérieures font de trois fortes.

1°. Les grandes cavités internes , qui font principalement dans le milieu des os longs, & dans lefquelles fe trouve le tiffu ou la fubftance réticulaire.

2°. Les cellules ou les intervalles de la portion
ou de la fubftance fpongieufe.

3°. Les pores ou les conduits , dont les uns très-
déliés s'évanouiffent & fe perdent dans la fubftance
de l'os, tandis que les autres, moins étroits , & fuivant des routes obliques , la percent & la pénetrent
entiérement. C'eft par ces ouvertures ou par ces pores
que s'introduifent dans la fubftance offeufe les vaiffeaux qui fervent à l'entretien & à la nourriture des
os, ainfi qu'à fournir à la moëlle & au fuc moëlleux.

11. La *moëlle* eft une maffe plus ou moins denfe ,
enveloppée d'une membrane extrêmement déli-
cate , qu'on pourroit envifager comme un périofte
interne. On en trouve toujours dans la grande cavité des os longs.

Le *fuc moëlleux* eft un fuc onctueux , gras & li-

Tome I.   C

quide , qui fe montre dans leurs petites cavités cellulaires.

Ce fuc , ainfi que la moëlle , qu'on peut regarder
comme une huile médullaire , ici d'une confiftance plus ferme , là d'une confiftance plus molle ,
féparée du fang artériel , s'extravafe après être fortie de fes canaux ; la portion la plus liquide tranf-
fude à travers la fubftance des os par leurs porofités
feulement , fans qu'il y ait à cet effet des vaiffeaux
particuliers : d'où il paroit naturel de conclure que
l'huile dont il s'agit ne fert en aucune maniere à la
nourriture des os , mais à corriger la rigidité des
fibres , à donner une forte de foupleffe à la fubftance
offeufe , à la rendre moins féche , moins fragile &
moins caffante.

12.   Le volume , la figure , les parties , les éminences , les cavités , les inégalités des os ; telles font
les objets qui peuvent intéreffer dans la confidé-
ration de leur conformation extérieure.

Quant à leur volume , il en eft de gros , de
moyens & de petits.

Leur figure varie à raifon de la diverfe difpofition des fibres : raffemblées en faifceaux & en maniere de cylindre , elles forment des os cylindriques,
comme les fibres qui ne préfentent que des lames applaties forment des os plats, tels que ceux du crâne &
de l'omoplate, & ainfi des autres fibres offeufes, &c.

Les parties des os font certaines portions de leur furface extérieure, divifées différemment à raifon de leur étendue, de leur forme & de leur fituation.

Dans les os longs on diftingue un corps ou une partie moyenne, que quelques-uns ont nommée *diaphyfe*, & qui eft la premiere qui devient dure dans le fœtus : on y confidere enfuite deux extrémités ; l'une fupérieure ou antérieure, l'autre inférieure ou poftérieure.

Dans les os plats on reconnoît deux faces, l'une interne, l'autre externe ; des angles, une bafe, des bords & des parties latérales.

On appelle *éminence*, toute faillie, tout allongement qui fe trouve extérieurement à l'os.

Celle qui forme un feul & même corps avec l'os, fe nomme *apophyfe*, & l'os dans cet endroit eft toujours plus fpongieux.

Celle qui eft fimplement contiguë, & qui paroit y être rapportée ou unie, s'appelle *épiphyfe* : c'eft en quelque forte un appendice de l'os

Ordinairement les *épiphyfes* fe joignent avec l'âge fi étroitement au corps de l'os, qu'elles deviennent *apophyfes*. Elles font toutes cartilagineufes dans les jeunes fujets ; & quoiqu'infenfiblement elles s'offifient, elles font enfuite conftamment fpongieufes ; & tel eft toujours auffi le tiffu de l'os à l'endroit où elles s'y uniffent.

C 2

Les apophyfes & les épiphyfes donnent plus d'af-
fiette & de fermeté aux articulations , en augmentant les points de contaƈt : elles multiplient les infertions des mufcles & les attaches des ligamens ;
elles changent les direƈtions de plufieurs de ceux
qui paffent auprès de l'axe du mouvemen t, &
elles en facilitent l'aƈtion par l'augmentation de
l'angle d'inclinaifon.

Ces deux éminences reçoivent encore plufieurs
autres dénominations , en conféquence de leur
figure.

Une convexité ou arrondiffement à leur furface,
leur méritent le nom de *têtes*.

Si elles font applaties de côté & d'autre, elles
prennent celui de *condyles*.

Si elles font irrégulieres & raboteufes, on leur
donne celui de *tubérofités*.

Sont - elles évafées dans leurs extrémités , &
étroites dans leur milieu , on les appelle *col*.

Sont-elles aiguës ou pointues, on les nomme
épines ou *épineufes*.

Sont-elles longues & tranchantes, on les appelle *crêtes*.

Il en eft encore d'obliques , de tranfverfes , de
fupérieures & d'inférieures ; d'autres qu'on nomme
*ftyloïdes , condyloïdes , cricoïdes , caracoïdes ,
maftoïdes ,* &c.

Les deux tubérosités du fémur font appellées *trochanter*.

Par le terme de cavité, on exprime en général tous les enfoncemens qui font à la partie externe des os.

Les unes logent des parties molles, comme le cerveau & les yeux.

Les autres reçoivent les parties dures, comme celles qui font deftinées à l'emboîtement de l'éminence d'un autre os.

On les nomme *foffes*, lorfque leur ouverture eft large.

Sinus, lorfque leur entrée eft plus étroite que le fond.

Foffettes, quand elles font petites.

Trous, quand elles percent d'outre en outre.

Fentes, quand l'épaiffeur de l'os eft percée par une ouverture longue & étroite.

Canaux ou *conduits*, lorfqu'elles cheminent en maniere de tuyaux.

Pores, lorfque ces canaux ou ces conduits font extrêmement déliés, & comme imperceptibles.

Gouttieres, lorfqu'elles forment des demi canaux longs & ouverts.

Rénures, cannelures & *fillons*, quand ces demi-canaux font fort étroits, fuperficiels, & en quantité.

Sinuofités, quand elles donnent paffage à des tendons.

Sciſſures, lorſqu'elles reçoivent des vaiſſeaux ſanguins & des nerfs.

Echancrures, quand le bord de l'os eſt comme entaillé.

Labyrinthe, lorſqu'après pluſieurs contours cachés, elle communiquent entr'elles.

Les cavités qui reçoivent des parties dures, ſe diſtinguent par leur plus ou moins de profondeur.

Les plus profondes ſe nomment *cotyloïdes;* telle eſt celle qui reçoit la tête du fémur.

Les autres s'appellent *alvéoles;* telles ſont celles dans leſquelles les dents ſont fichées & implantées.

Les moins profondes ſont dites *glénoïdes;* telle eſt celle de l'omoplate.

Quant aux inégalités ſuperficielles, elles ſervent ou aux inſertions des tendons, ou aux attaches des muſcles. On les nomme *facettes, empreintes, impreſſions, traces, marques tendineuſes, muſculaires, ligamenteuſes,* &c.

13. L'union & l'aſſemblage différent de toutes les pieces oſſeuſes, porte en général le nom d'*articulation*, à l'exception de cette liaiſon naturelle & intime par laquelle deux os diſtincts dans les jeunes ſujets, n'en forment qu'un ſeul dans les adultes. Cette liaiſon naturelle & intime ſe nomme *ſymphyſe*.

14. Il eſt trois ſortes d'articulations : la premiere

immobile, la feconde avec mouvement, la troifieme fans mouvement & avec mouvement : celle-
ci eft une articulation mixte.

L'*articulation immobile* fe fait de deux manieres ; par *engrenure*, ou par *trou* & par *cheville*.

Par engrenure, lorfque la connexion eft telle
qu'elle eft affermie par des dentelures & des enfoncemens qui fe répondent, de façon que ces
éminences & ces cavités font réciproquement reçues les unes dans les autres : c'eft ce que nous
nommons *futures*.

Par trou & par cheville, lorfque l'os eft en-
châffé & fiché dans la cavité : c'eft ce que nous
nommons *gomphofe*.

Les *articulations mobiles* fervant aux différens
mouvemens & changemens de fituation du corps
& de fes parties, peuvent fe rapporter à quatre efpeces de mouvemens : à celui de *couliffe*, à celui
de *genou*, à celui de *charniere*, à celui de *pivot*.

Le mouvement de *couliffe* a lieu quand deux
os coulent & gliffent l'un fur l'autre, comme les
vertebres par leurs apophyfes obliques.

Celui de *genou*, lorfque la tête d'un os fe meut
dans une cavité, comme la tête du fémur dans la
cavité de l'ifchion.

Le mouvement de *charniere* s'exécute, lorfque
l'extrémité de l'os a deux éminences & une cavité,

& que l'extrémité de l'os qui s'articule avec le premier , a deux cavités & une éminence.

Ou lorsqu'une extrémité de l'os est reçue par un os , & que son autre extrémité reçoit le même os.

Ou enfin , lorsqu'un os en reçoit deux autres , un à chaque extrémité , comme les vertebres.

Enfin , le mouvement de *pivot* a lieu , lorsqu'un os considérable tourne sur une pointe , comme la premiere vertebre cervicale sur l'apophyse odontoïde de la seconde.

L'articulation mixte est , par exemple , celle qui joint les vertebres par leur corps & à l'os sacrum , ces os n'ayant qu'un mouvement obscur de ressort & de flexibilité proportionné à l'étendue & au volume du cartilage qui les unit, sans qu'ils puissent glisser les uns sur les autres.

15. Les accidens fréquens qui pourroient résulter des articulations mobiles , dont le jeu est toujours suivi d'une collision violente entre des corps durs , ont été prévus : toutes les parties des os destinés à se joindre à quelqu'autre , & à l'exécution de quelques mouvemens , ayant été recouvertes d'un *cartilage* extrêmement adhérent , & ce cartilage lui-même étant rendu plus souple & plus glissant à raison de l'humeur mucilagineuse dont il est sans cesse abreuvé. Cette humeur, que l'on nomme *synovie*, fournie, selon quelques-uns, par des glandes

mucilagineuſes qui ſont des organes au moyen deſquels le ſang la dépoſe , & en partie par les pores
de la ſurface interne des *ligamens capſulaires*, ſe
répand entre les pieces articulées ; elle en facilite les mouvemens , elle empêche qu'elles ne ſe
froiſſent , & ſans elle les cartilages dont il s'agit , ſe
deſſécheroient & s'uſeroient infailliblement.

16.   Les *ligamens* qui maintiennent & affermiſſent la
connexion des os , ſont plus ou moins forts ; & leur
ſtruꝗture , ainſi que leur poſition , varient ſelon les
eſpeces des articulations.

En général, ils ſont preſque tous placés en
dehors.

Quelques-uns d'entr'eux ſont placés en dedans ,
comme le *ligament rond* qui attache la tête du fémur dans la cavité des os des îles ; le *ligament* qui
attache le tibia avec l'extrémité inférieure du fémur , & celui de la premiere vertebre qui affermit
l'apophyſe odontoïde de la ſeconde.

Dans toutes les articulations , il eſt des *ligamens
larges* , ou plutôt des membranes ou des toiles ligamenteuſes qui enveloppent tout l'article , en s'attachant aux deux os qui le forment , & qui ſervant
comme de capſule à la ſynovie , s'oppoſent à l'é-
coulement & à la perte de cette humeur.

Dans les articulations par charniere , outre les
ligamens capſulaires , il eſt des *ligamens latéraux*

fitués en dehors des premiers. Les parties où l'on en rencontre le plus de cette forte, font les vertebres, les articulations des genoux, des jarrets, &c.

17.   Enfin, les os, leurs cartilages & leurs ligamens, font extérieurement revêtus d'une membrane. Celle des cartilages s'appelle *périchondre ;* celle des ligamens, *périderme ;* celle des os, *périofte.*

Le *périofte* ne revêt pas les portions couvertes par les cartilages, ni celles qui font occupées par les attaches des ligamens & des tendons, ni les parties expofées au frottement. L'ufage de cette expanfion membraneufe, compofée de plufieurs plans de fibres particulieres, dont l'interne adhere immédiatement à la furface offeufe, & y eft attachée par quantité de petites extrémités fibreufes de tous les plans qui s'engagent dans les pores de l'os, eft de foutenir une infinité de vaiffeaux capillaires dont elle eft percée, qui fourniffent la nourriture à la fubftance offeufe & à toutes les parties qui appartiennent à l'os.

Elle a une vertu de reffort, une faculté élaftique, par le moyen de laquelle elle tend à fe refferrer, à revenir fur elle-même, & à s'applanir après qu'elle a été élevée par les petits vaiffeaux qui font entr'elle & l'os. Elle accélere par conféquent la circulation du fang & de la lymphe dans les parties les plus reculées des fibres offeufes.

18.   Au furplus, on divife le *fquélete humain* en *tête*;
en *tronc* & en *extrémités*; & pour fuivre à-peu-près
le même ordre, nous divifons le *fquélete des quadrupedes* en *avant-main*, en *corps* & en *arriere-main*.

L'*avant-main* comprend la *tête*, les *vertebres cervicales* & les *extremités antérieures*.

Le *corps*, les *vertebres dorfales* & *lombaires*, les
côtes & le *fternum*.

L'*arriere-main* enfin, l'os *facrum*, les *os de la
queue*, le *baffin*, & toute l'*extrémité poftérieure*.

PRÉCIS
HIPPOSTÉOLOGIQUE,
O U
TRAITÉ ABRÉGÉ
DES OS DU CHEVAL,
CONSIDÉRÉS EN PARTICULIER.

SECTION PREMIERE.

Des Os de l'Avant-main.

19. LA tête du fquélete de l'animal dont il s'agit, peut & doit être divifée en crâne, en mâchoire antérieure & en mâchoire pofterieure.

Il faut confidérer dans les os dont elle eft formée :

1°. Ceux qui font en *nombre pair*; tels font les pariétaux, les temporaux, les angulaires, les zygomatiques, les maxillaires, les os du nez, les conques ou cornets de cette même partie, & les os du palais.

2°. Les *os impairs*, c'eft-à-dire, le frontal, l'occipital, le fphénoïde, l'ethomïde & le vomer, ainfi que l'os de la mâchoire poftérieure.

3°. Parmi ces os, ceux qui font dits les *os pro-pres du crâne* : tels font le frontal, l'occipital, les deux pariétaux, & les deux temporaux.

4°. *Ceux qui forment la mâchoire antérieure*, & qui font les os du nez, les angulaires, les zygo-matiques, les maxillaires, les os du palais, les cor-nets du nez & le vomer.

5°. Enfin, *les os communs au crâne & à cette même mâchoire* : tels font l'ethmoïde & le fphé-noïde.

6°. *L'articulation* de tous ces os *par des futures*, auxquelles on a donné des noms tirés de celui des os dont elles forment la connexion, ou relatifs à leur propre figure. Ainfi, la future qui unit le frontal aux pariétaux, a été dite *future frontale* ; celle qui unit les deux pariétaux l'un à l'autre, *future fagit-tale ; lambdoïde*, celle par laquelle les pariétaux font articulés avec l'occipital ; *temporale*, celle qui les unit aux temporaux, &c. Dans le cheval adulte, la plupart de ces futures difparoiffent ; les os s'uniffent entiérement dès qu'il a ceffé d'être poulain. Au furplus, la confidération de cette forte d'articula-tion n'eft, relativement à l'animal malade, d'au-cune utilité évidemment réelle dans la pratique.|

Des Qs du Crâne.

20.   Le crâne eft cette efpece de boëte offeufe for-

mée par l'affemblage de plufieurs os , & deftinée à loger & à contenir le cerveau, le cervelet, & la moëlle allongée.

L'Os Frontal.

21. Cet os eft ainfi nommé parce qu'il forme le front. On l'appelle encore du nom de *coronal*, dans l'homme. Il faut en confidérer :

1°. *La divifion* en deux pieces dans le poulain.

2°. *La légere foffe* qui fe montre dans fa partie inférieure & latérale , cette foffe formant la portion fupérieure de la foffe orbitaire.

3°. *Les deux faces*, l'une externe, l'autre interne.

4°. *Les apophyfes orbitaires*, c'eft-à-dire, les deux éminences qu'on remarque dans la premiere de ces faces, & qui joignent cet os avec deux pareilles apophyfes du temporal ; elles forment le deffus de l'orbite.

5°. *Les trous fourciliers*, un de chaque côté, ainfi nommés à caufe de leur pofition dans cette même face aux lieux des fourcils. Ces trous excedent quelquefois le nombre de deux , & donnent paffage à une veine, à une artere & à un nerf, qui viennent du dedans de cette cavité fe diftribuer dans les mufcles & dans la peau du front.

6°. *Les deux échancrures* , placées fupérieurement à ces trous , & contribuant à la formation de la cavité que l'on nomme *les falieres.*

7°. *Les anfractuofités* , qui dans la face interne de ce même os répondent aux circonvolutions du cerveau.

8°. *L'échancrure* & *la finuofité* , fervant à loger les grandes aîles du fphénoïde.

9°. *L'épine frontale* , ou la légere éminence longitudinale étant dans fon milieu , & fervant d'attache aux replis de la dure-mere , que l'on appelle *la faulx.*

10°. *La foffe* , fervant à loger la portion inférieure & antérieure du cerveau.

11°. *Les finus frontaux* , ou les deux cavités , réfultant de l'écartement des deux tables qui compofent cet os , & fe trouvant dans fon épaiffeur & à fa partie inférieure.

12°. *La cloifon offeufe* , féparant ces deux cavités qui s'ouvrent par plufieurs petites ouvertures dans celle des nafeaux , une partie de l'humeur muqueufe qui fe décharge dans celle-ci , étant filtrée dans les premieres.

Les Pariétaux.

22. *Les pariétaux* font au nombre de deux, un de chaque côté : ils ont été ainfi nommés , parce qu'ils forment les parois du crâne.

Il faut en confidérer :

1°. *La pofition* entre le frontal, l'occipital & les temporaux.

2°. *La figure* quarrée.

3°. *Les faces ;* l'une externe, convexe & unie; l'autre interne, concave.

4°. *Les quatre bords ;* l'un fupérieure, répondant à l'occipital; l'autre inférieur, répondant au frontal; l'interne fe joignant avec fon femblable, & formant avec lui une crête, qui, fe propageant avec celle de l'occipital, fert d'attache à des mufcles de l'oreille externe. Enfin l'externe, coupé en forme de bifeau pour s'unir plus exactement avec la portion écailleufe du temporal, & fe terminant en pointe par une apophyfe, que nous nommerons *apophyfe pariétale.*

5°. *Les fillons & les anfractuofités,* qui font dans la face interne deftinée à loger la portion antérieure du cerveau ; ces fillons étant formés par des vaiffeaux artériels de la dure-mere, & les anfractuofites répondant aux circonvolutions du cerveau.

6°. *La gouttiere,* qui, près du bord interne, eft prépofée pour recevoir les finus latéraux de la dure-mere.

7°. *La crête* qui eft à ce même bord.

8°. *L'apophyfe* dite *falciforme,* fe trouvant à

la

la partie fupérieure de ces os, & fervant d'attache
à la faulx dans le lieu où elle s'écarte pour former
la cloifon tranfverfale appellée dans l'homme
la tente du cervelet.

9°. *L'épaiffeur* de ces mêmes os, moindre que
celle des autres, ceux-ci étant d'ailleurs défendus
par les mufcles crotaphites qui les recouvrent entiérement.

L'Occipital.

23.   L'occipital forme la partie la plus confidérable
du crâne. Il faut en confidérer :

1°. *La pofition,* au-delà ou en arriere des pariétaux.

2°. *La forme,* qui en eft très-irréguliere.

3°. *Les faces,* l'une externe, l'autre interne,
la premiere préfentant fept apophyfes.

4°. *L'apophyfe de la nuque,* placée tranfverfalement à la partie fupérieure de cet os : cette
apophyfe, la plus confidérable de toutes, étant
deftinée à fervir d'attache aux mufcles extenfeurs
de la tête, & à en augmenter la force.

5°. *L'apophyfe cervicale,* d'un moindre volume
que les autres, fituée à la partie moyenne de la
face que nous examinons, près de l'apophyfe de la
nuque : elle fert d'attache au ligament cervical.

6°. *Les deux apophyfes ftyloïdes,* réfultant de

Tome I.   D

deux éminences affez longues que l'on voit à la partie poftérieure & latérale de l'os, & fervant d'attaches à d'autres mufcles de la tête & de l'os hyoïde.

7°. *Les deux apophyfes condyloïdes*, plus régulieres, arrondies & polies, placées entre les deux
apophyfes ftyloïdes, & formant l'articulation de la
tête avec la premiere vertebre cervicale.

8°. *L'apophyfe cunéiforme*, nommée ainfi parce
qu'elle s'avance comme une efpece de coin entre les os du crâne, étant fituée au-deffous des
apophyfes condyloïdes, & étroitement unie avec
l'os fphénoïde, jufqu'au corps duquel elle s'avance.

9°. *La foffe*, occupant la partie fupérieure de
cette même face externe, & réfulant de l'intervalle qui eft entre l'apophyfe de la nuque & les
apophyfes condyloïdes.

10°. *Deux échancrures*, placées entre les apophyfes ftyloïdes & condyloïdes, recevant des éminences de la premiere vertebre du col dans certains mouvemens de la tête.

11°. *Deux autres échancrures*, une de chaque côté
de l'apophyfe cunéiforme, contribuant à la formation
de ce qu'on appelle les fentes ou les trous déchirés.

12°. *Une cinquieme échancrure* à la face externe de l'apophyfe cunéiforme, féparant les deux
apophyfes condyloïdes près du grand trou de l'occipital.

13°. *Les trous condyloïdiens* placés, un de chaque côté, au-deſſous des apophyſes condyloïdes, & donnant paſſage à la neuvieme paire de nerfs qui ſort du crâne pour ſe diſtribuer à la langue.

14°. *Le grand trou*, ſitué entre les apophyſes condyloïdes, & donnant paſſage à la moëlle de l'épine & aux vaiſſeaux vertebraux.

15°. *La crête* qui, ſituée au-deſſous de l'apophyſe tranſverſale, s'unit & ſe prolonge avec celle des pariétaux.

16°. *La grande foſſe* arrondie, qu'on remarque dans la face interne, & qui ſert à loger le cervelet.

17°. *Les anfractuoſités* dont cette foſſe eſt garnie.

18°. *La facette articulaire*, qui de chaque côté répond à de pareilles facettes des temporaux.

19°. *La ſinuoſité*, polie, creuſée ſur l'apophyſe cunéiforme, & ſur laquelle repoſe la moëlle allongée.

Les Temporaux.

24. Les os temporaux ſont au nombre de deux, un de chaque côté. On en conſidérera :

1°. *La poſition*, en-deſſous de l'occipital & des deux pariétaux.

2°. *Les faces*, l'une externe, l'autre interne;

& deux parties, l'une écailleuse, qui est la plus considérable, l'autre pierreuse, qui est postérieure à la premiere.

3°. *L'apophyse zygomatique*, étant à la face externe, venant se joindre avec une semblable éminence du zygoma, & avec l'apophyse frontale, elles forment ensemble une arcade que j'appelle *le pont-jugal*, attendu sa ressemblance à un joug.

4°. *La sinuosité zygomatique*, étant à la face interne de cette apophyse, & dans laquelle glisse le tendon du muscle crotaphite.

5°. *L'apophyse mastoïde*, moindre que la premiere dont elle est la bâse, & bornant l'articulation de la mâchoire postérieure.

6°. *Les deux échancrures*, dont une premiere entre le corps de ces os & l'apophyse zygomatique contribue à la formation des salieres, & dont la seconde, plus irréguliere, & qui se trouve à la partie la plus reculée de ces os, fait la grande portion des trous déchirés destinés à donner passage à l'artere carotide, au commencement de la jugulaire, & aux nerfs de la cinquieme & de la huitieme paire.

7°. *La cavité glénoïde*, partagée par une légere éminence, placée en-devant de l'apophyse mastoïde, & recevant l'apophyse condyloïde de la mâchoire postérieure.

8°. *Le conduit osseux*, pénétrant de dehors jusque dans la partie pierreuse, dans laquelle est renfermée l'organe de l'ouïe.

9°. *Le canal,* situé sous ce conduit à la bâse de l'apophyse mastoïde, pénétrant dans le crâne, & repondant aux sinus occipitaux de la dure-mere.

10°. *Les petits trous,* qui n'ont rien de constant & de fixe, & qui ne servent qu'au passage des vaisseaux sanguins qui pénetrent dans la substance de ces os.

11°. *Le trou styloïdien,* placé entre l'apophyse styloïde & l'apophyse mastoïde, & dont la situation est constante au-dessus du conduit osseux.

12°. *Le prolongement osseux,* creusé dans son milieu pour l'articulation de l'os hyoïde, & situé au-dessous de ce même conduit osseux & du trou styloïdien.

13°. *La gouttiere,* dans laquelle ce prolongement est logé.

14°. *Le conduit,* formant le commencement de la trompe d'Eustache.

15°. *L'apophyse styloïde du temporal,* qu'on observe au bord de ce conduit.

16°. *La facette articulaire,* répondant à une pareille facette de l'occipital pour l'union de ces os.

17°. *La tubérosité,* placée au-dessus du conduit osseux, servant d'attache à des muscles.

18°. *La foſſe temporale*, que l'on obſerve dans la face interne, & qui fait partie de la grande cavité du crâne.

19°. *Le prolongement oblique & tranchant*, étant au-deſſus de cette foſſe, ſervant d'attache à la tente du cervelet, & diſtinguant intérieurement la portion pierreuſe de la portion écailleuſe.

20°. *Le trou auditif interne*, qui eſt à cette même portion pierreuſe, & par lequel entre le nerf de la ſeptieme paire, deſtiné à l'organe de l'ouïe.

21°. *Les cavités régulieres*, qu'on peut voir dans cette portion dite proprement *la roche*. On nomme pareillement ici cet os, *l'os pétreux*.

22°. *Le conduit auditif externe*, nommé auſſi le *conduit oſſeux*, dans le fond duquel eſt la membrane du tympan.

23°. *Le cercle oſſeux*, ſervant d'attache à cette membrane.

24°. *La caiſſe du tambour*, comprenant l'eſpace qui eſt au-delà de cette membrane.

25°. *Les trois ouvertures*, étant dans cette caiſſe; ſavoir,

La trompe d'Euſtache, qui eſt celle d'un conduit en partie oſſeux, en partie cartilagineux, & en partie membraneux, communiquant dans le fond de l'arriere-bouche.

La fenétre ronde, ainſi nommée, vu ſa figure ;

fermée par une membrane qui eſt une continuation du périoſte.

La *fenêtre ovale*, bouchée par la bâſe d'un petit os que l'on nomme l'*étrier*.

26°. *Le veſtibule*, qui eſt une cavité un peu plus grande dans laquelle ces deux ouvertures pénetrent.

27°. *Le limaçon*, autre petite cavité au-delà de ce veſtibule, & toujours à la portion pierreuſe. Elle eſt contournée en ſpirale, faiſant environ deux circulaires, & ſon embouchure ſe trouve dans le veſtibule.

28°. *Les canaux demi-circulaires*, formant des demi-contours en maniere de petits canaux ſéparés, & aboutiſſant auſſi dans le veſtibule.

29°. *Le labyrinthe* réſultant de cet aſſemblage de contours & de cavités compoſées du *veſtibule*, du *limaçon*, des *canaux ſémi-circulaires*, & formant en plus grande partie l'organe de l'ouïe, puiſque toutes ces portions ſont tapiſſées de la portion molle du nerf auditif.

30°. *Les oſſelets de l'ouïe* achevant de perfectionner & de completter cette organe, étant parculiers & détachés de l'os pierreux, & au nombre de quatre dans le conduit oſſeux. Ils tirent leur dénomination de leur figure, & ſont nommés *le marteau*, *l'étrier*, *l'enclume & l'orbiculaire*. (Voyez la *Splanchnologie, organe de l'ouïe*.)

D 4

Le Sphénoïde.

25. · Le fphénoïde, dans le cheval adulte, eft inti-
mement uni à l'ethmoïde. Pour nous rendre plus
intelligibles aux éleves, nous ne craindrons pas
de confondre une partie de celui-ci dans la defcription que nous ferons de l'autre. On en confidérera :

1°. *La fituation*, à la partie poftérieure du crâne,
où il fait l'office de clef pour la jonction & l'union
de l'occipital, des pariétaux & des temporaux.

2°. *La divifion* qu'on peut en faire en faces externe & interne, & en y reconnoiffant un corps
& deux branches.

3°. *Le corps*, en étant la partie moyenne & la
plus épaiffe.

4°. *Les branches*, dites auffi *les grandes ailes du
fphénoïde*, n'étant autre chofe que les éminences
applaties qui fe prolongent jufque vers l'os frontal, entre le temporal & le maxillaire, & qui font
partie de l'orbite.

5°. *Les petites ailes*, fe montrant à la face externe,
réfultant de deux apophyfes appellées *ptérygoïdes*
dans l'homme, & fe joignant avec les os du palais.

6°. *Le trou ptérygoïdien*, placé à leur bâfe, &
donnant paffage à la carotide externe qui fe diftribue aux parties extérieures de la tête.

7°. *L'épine*, ou cette éminence faillante & pointue, qui, placée entre les petites ailes, & dans le corps même de l'os, s'unit à la bâfe du vomer.

8°. *Le trou maxillaire antérieur*, le premier & le principal des trois trous qu'on apperçoit à cette même face externe, puifqu'il eft l'orifice d'un canal, ayant plus d'un pouce de diametre, par où paffent le cordon antérieur de la cinquieme paire de nerfs, & plufieurs de ceux qui fe diftribuent aux yeux, ceux-ci parvenant dans cet organe par un petit trou étant dans ce même conduit, & s'ouvrant du côté de l'orbite.

9°. *Le trou optique*, étant l'orifice d'un canal qui offre un paffage au nerf optique pour fon infertion dans l'œil.

10°. *Le trou orbitaire*, moins confidérable que les autres, pénétrant de l'orbite dans le crane à côté de l'os ethmoïde, & fourniffant un paffage à un filet du nerf ophtalmique, qui va s'affocier avec les olfactifs.

11°. *Les deux foffes*, étant dans la face interne au revers des grandes ailes, & logeant une portion du cerveau.

12°. *L'orifice des trous* vus à la face externe, mais les deux trous optiques femblant ici joints l'un à l'autre, & paroiffant fe confondre par une fente tranfverfale.

13°. *La foffe pituitaire*, ou le léger enfoncement

répondant à ce que l'on nomme dans l'homme *la selle turchique*, & logeant la glande pituitaire.

14°. *Le sinus sphénoïdal*, étant dans l'épaiffeur du corps même de l'os, & formé par une cavité qui s'ouvre par plufieurs ouvertures irrégulieres dans les cellules ethmoïdales, cette cavité étant féparée par une cloifon offeufe, & alors il en réfulte *deux sinus sphénoïdaux*.

L'Ethmoïde.

26. L'os ethmoïde a été appelé auffi l'*os cribleux*. Il faut en confidérer :

1°. *La pofition*, directement au-deffus des cavités des nafeaux, car il eft à la partie inférieure du frontal, & s'unit de l'autre côté au fphénoïde.

2°. *La compofition*, cet os étant formé de lames extrêmement minces & roulées en maniere de cornets.

3°. *Les cellules*, tapiffées par la membrane pituitaire, & réfultant des petites cavités qué laiffent entr'elles ces lames, & qui communiquent les unes dans les autres.

4°. *La lame perpendiculaire* ou *moyenne*, un peu plus forte que les autres, répondant au vomer, & féparant ces cellules.

5°. *Leurs ouvertures*, d'une part dans le crâne, & de l'autre dans la cavité du nez : dans le crâne,

par les petits trous qui ont mérité à cet os le nom
d'*os cribleux* : dans la cavité du nez, par des ouvertures plus larges ; & c'eſt ſans doute à ces cavités
cellulaires que quelques-uns ont donné le nom de
ſinus ethmoïdaux, les petits trous de la face interne
de cet os offrant, au ſurplus, une ſortie du crâne aux
nerfs olfaĉtifs qui ſe répandent dans toute l'étendue
de la membrane pituitaire.

Des Os de la mâchoire antérieure.

Les Os du nez.

27. Les os du nez ſe préſentent à la face antérieure
de cette mâchoire. On doit en conſidérer :

1°. *L'union*, l'un avec l'autre & avec les maxillaires, le frontal & les angulaires.

2°. *La figure*, allongée.

3°. *La largeur*, à la partie ſupérieure.

4°. *L'étroiteſſe*, à la partie inférieure, qui ſe termine en pointe, & que l'on nomme *l'épine du nez*.

5°. *La rainure*, réſultant de leur jonĉtion intérieurement ; rainure logeant dans toute ſon étendue le
cartilage qui conſtitue la cloiſon des naſeaux.

Les Angulaires.

28. Les os angulaires ſont ainſi nommés, attendu
qu'ils forment le grand angle de l'œil (1).

---

(1) On les appelle encore *lachrymaux*, parce qu'ils four-
niſſent un paſſage au canal lachrymal.

On en considérera :

1°. *La forme*, quarrée irréguliérement.

2°. *La position*, ces os étant enclavés entre les os du nez, le frontal, les maxillaires & les zygomatiques.

3°. *Les faces*, l'une externe très-unie, l'autre interne, & l'autre supérieure.

4°. *L'apophyse angulaire*, à laquelle s'attache le tendon du muscle orbiculaire, & qu'on observe dans la face externe.

5°. *La portion de fosse* étant à la face supérieure, & contribuant à la formation de l'orbite.

6°. *Le trou*, qui près du grand angle est l'orifice du canal nasal, & pénetre de l'orbite dans les fosses nasales.

7°. *La petite fossette* placée près de ce trou, & destinée à l'attache du muscle petit oblique de l'œil.

8°. *Les portions de fosses*, remarquables dans la face interne, séparées par l'éminence résultant du canal nasal, & contribuant à la formation des sinus.

Les Zygomatiques.

29. Les zygomatiques ressemblent à-peu-près à un triangle. Trois apophyses en forment toute l'étendue. On en doit considérer :

1°. *La position*, à la partie latérale de la tête, entre l'os temporal, les maxillaires & le frontal.

2°. *L'apophyse temporale*, nommée ainsi parce qu'elle s'unit à l'os temporal. Elle est la premiere des trois.

3°. *L'apophyse angulaire*, qui est la seconde. Elle s'unit à l'os angulaire.

4°. *L'apophyse maxillaire*, qui est la troisieme, & qui tient à l'os qui porte ce nom.

5°. *L'épine*, qui regne dans toute l'étendue de l'os, & qui se continue avec celle du maxillaire.

6°. *L'échancrure* en forme de croissant, étant entre les apophyses angulaire & temporale, & faisant une grande partie de l'entrée de l'orbite.

7°. *La portion de fosse*, faisant partie de la fosse orbitaire.

8°. *Le sinus zygomatique*, ou la cavité qui est dans l'intérieur & du côté des naseaux, & qui a été appellée ainsi, attendu la maniere dont cet os contribue à sa formation.

Les Maxillaires.

30. Dans les os maxillaires, on doit considérer :

1°. *Leur volume*, plus étendu que celui de tous les autres os de la mâchoire que nous examinons.

2°. *Leur union par symphyse*, au moyen de laquelle ils forment d'un côté la cavité des naseaux, & de l'autre la voûte du palais.

3°. *Leur articulation* avec les os du nez, les os

angulaires, les os zygomatiques, les os du palais & le vomer.

4°. *L'épine maxillaire*, ou l'éminence tranchante & longitudinale étant à leur face externe & latérale, & s'uniffant & répondant à l'épine du zygoma.

5°. *Le trou confidérable*, placé plus inférieurement entre cette épine & les os du nez, répondant au conduit maxillaire antérieur, & offrant une fortie à une branche de nerfs dépendante de la cinquieme paire.

6°. *L'échancrure* qui, de chaque côté, & à leur partie inférieure & antérieure, eft entr'eux & l'épine du nez, & qui, remplie par la peau, forme en partie les narines externes.

7°. *La fente incifive* placée inférieurement, & de chaque côté, dans la portion qui forme la voûte du palais ; cette fente paroiffant être une déperdition de fubftance de cet os, & étant recouverte d'un côté par la membrane pituitaire, & de l'autre par la membrane du palais.

8°. *Le trou incifif*, réfultant plus bas & dans la fymphyfe maxillaire même des deux échancrures oppofées, mais réunies ; ce trou pénétrant de dedans la bouche en dehors, & fourniffant un paffage à de petits vaiffeaux comme nombre de petits trous que l'on trouve à la voûte du palais, & dont la quantité & la fituation ne font pas conftantes.

9°. *Le canal gustatif ou palatin*, qui supérieurement & dans cette même voûte est formé de chaque côté par une gouttiere de ces os, & par une gouttiere des os palatins ; ce canal donnant passage à une artere, à une veine & à une branche de nerf qui se distribue au palais.

10°. *La tubérosité*, ou l'éminence arrondie étant au-dessus des dents molaires, à la partie supérieure & externe de ces os, & contenant le principe ou le commencement du conduit maxillaire dont nous avons parlé, par où pénétre le cordon antérieur de la cinquieme paire.

11°. *Le trajet & l'avancement* de ces os l'un vers l'autre dans leur partie postérieure, pour former le palais.

12°. *Les alvéoles*, dont leur bord postérieur externe est garni à cette même partie, ces alvéoles étant dans chacun de ces os, & à ce même bord, au nombre de dix, dont six plus considérables & supérieures logent les dents molaires, tandis que les quatre autres inférieures logent le crochet dans le cheval, & dans les jumens bréhaines, les coins, les mitoyennes & les pinces.

13°. *La portion unie & tranchante* de ce même bord dans l'intervalle qui, séparant les molaires & les crochets, répond à ce que dans la mâchoire postérieure on nomme *les barres*.

14°. *L'intervalle pareil*, mais moins confidérable que le précédent, & qui fe trouve entre les crochets & les coins.

15°. *La formation de la cavité* des nafeaux par la partie interne de ces os, conjointement avec les os du nez.

16°. *L'ouverture affez ample*, étant dans cette même portion interne, & fermée en partie par le cornet du nez, répondant à une grande cavité creufée dans l'épaiffeur même des maxillaires.

17°. *Les finus maxillaires*, n'étant autre chofe que cette grande cavité tapiffée par la membrane pituitaire, où fe filtre & fe dépofe une partie de l'humeur muqueufe, jufqu'à ce que le cheval, en s'ébrouant, l'oblige de fortir par la force de l'impulfion de l'air ; ces finus, ainfi que les zygomatiques, étant plus ou moins remplis de mucofité dans les chevaux morveux & dans ceux qui jettent.

18°. *La rainure* qui, dans la même partie interne de ces os, & dans leur fymphyfe, répond au vomer.

Les Os du palais.

31. Il importe de confidérer dans les os du palais, ou palatins :

1°. *Leur fituation*, à la partie fupérieure de la voûte palatine formée par les maxillaires ; c'eft à cette fituation que leur dénomination eft due.

2°.

(65)

2°. *Leur jonction*, au bord fupérieur de cette voûte, à la tubérofité des maxillaires, & plus haut aux petites ailes du fphénoïde.

3°. *La gouttiere*, qui répondant à celle des os maxillaires, forme avec elle le canal guftatifou palatin.

4°. *Le trou nafal*, trou confidérable percé plus haut, par où paffe un rameau du nerf de la cinquieme paire.

5°. *L'apophyfe palatine*, ou l'éminence étant du côté du palais, autour de laquelle gliffe en partie, comme dans une poulie, le tendon du mufcle périftaphylin externe, mufcle de la cloifon dans le cheval, & non deftiné à relever la luette, puifque l'animal n'en a point; cette apophyfe, au furplus, donnant encore attache au mufcle ptérygo-pharyngien.

6°. *L'ouverture ovale*, réfultant de l'intervalle qui fépare ces os & le fphénoïde, & au bord inférieur de laquelle eft attachée la cloifon du palais. Elle répond aux narines, & forme la communication des nafeaux avec le gofier.

7°. Enfin, *les finus palatins*, ou la cavité que l'on nomme ainfi.

Les Cornets du Nez.

32.   Les cornets du nez font au nombre de deux dans chacune des foffes nafales; l'un fitué antérieurement, l'autre poftérieurement. On en confidérera :

1°.. *Les volutes & les enroulemens*, qui les. ont fait appeller *cornets.*

2°. *Leur longueur*, qui de la partie supérieure à l'inférieure, est de six à sept travers de doigt (douze à treize centimètres.)

3°. *L'évasement & la plus grande épaisseur* à leur principe, quoique leur épaisseur y soit très-légere.

4°. *La diminution & l'étroitesse*, à mesure qu'ils descendent vers l'orifice des naseaux.

5°. *La substance.* Elle est papiracée ou cartacée.

6°. *Leur séparation* l'un de l'autre, d'environ un travers de doigt (deux centimètres) dans toute la longueur.

7°. *Les trous innombrables* dont ils sont criblés, percés de maniere qu'ils se montrent comme un réseau, ou comme une dentelle magnifique, dont les mailles irrégulieres sont infiniment plus multipliées à l'extrémité inférieure qu'à la supérieure, où elles sont conséquemment plus légeres.

8°. *Le cornet antérieur*, tenant à l'os du nez, & aux environs de la partie interne du zygoma.

9°. *La portion supérieure de ce cornet*, faisant la paroi du sinus zygomatique qu'elle forme inférieurement.

10°. *Sa portion inférieure*, étant une espece de vessie osseuse close par-tout, & divisée par quelques petites cloisons, qui, quoique très-déliées & très-molles, sont cependant friables; cette vessie pouvant être nommée *le sinus du cornet antérieur*.

11°. *Le cornet postérieur*, plus voisin des dents molaires, & tenant à l'os maxillaire, de maniere qu'il bouche une portion de l'ouverture du sinus distingué par la même dénomination de cet os.

12°. *La premiere partie de ce même cornet*, excédant la seconde par sa longueur & par sa largeur, & se trouvant appliquée à l'emboîtement même du sinus, le bord postérieur de cette portion se repliant du côté de ce sinus en maniere de cornet.

13°. *La seconde partie de ce cornet*, plus arrondie, faisant une volute d'un tour & demi, étant comme distincte & séparée de la premiere par des cloisons osseuses, formant une cavité considérable fermée de toutes parts ; cette cavité, partagée par quelques cloisons osseuses & membraneuses, d'où résultent autant de petites cellules, pouvant être appellée *le sinus du cornet postérieur*.

Le Vomer.

33. Le vomer est le dernier des os de la mâchoire antérieure. On en considérera :

1°. *La figure*. Il doit sa dénomination, dans l'animal comme dans l'homme, à sa ressemblance au soc d'une charrue.

2°. *L'étendue*, depuis la partie inférieure des naseaux, jusqu'à l'os sphénoïde.

3°. *Les bords*, les *faces* & les *extrémités*.

4°. *Le bord antérieur*, préfentant une rainure profonde qui reçoit la lame perpendiculaire de l'ethmoïde, & la cloifon cartilagineufe des nafeaux.

5°. *Le bord poftérieur*, étant tranchant.

6°. *Les faces latérales*, étant unies & polies.

7°. *L'extrémité fupérieure*, creufée pour fa jonction avec l'épine du fphénoïde.

8°. *L'extrémité inférieure*, étant reçue par fon
bord tranchant dans la rainure des os maxillaires.

Os de la Mâchoire poftérieure.

34. Un feul os compofe la mâchoire poftérieure. Il
eft néanmoins partagé en deux branches dans les
poulains ; mais dans le cheval, ces branches font
tellement unies, qu'il ne refte à la partie la plus
inférieure, qu'une légere trace de leur jonction.

Il faut y confidérer :

1°. *La fimphyfe du menton*, qui n'eft autre chofe
que la trace légere dont je viens de parler.

2°. *Deux branches*, qui jointes enfemble, ont la
figure d'un grand V.

3°. *Deux faces* à chacune de fes branches, l'une
interne, l'autre externe.

4°. *Le trou mentonnier*, ou l'orifice d'un conduit
offeux dont je parlerai, étant à la face externe.

5°. *La partie inférieure* de cette même face, étant
affez unie.

6°. *Sa portion supérieure*, étant plus large, & présentant de foibles empreintes destinées à servir d'attaches au muscle masseter.

7°. *Le trou*, percé dans la face interne & au milieu de la partie supérieure de cette face, & répondant au trou mentonnier par un conduit assez long, nommé *le conduit maxillaire postérieur*; ce conduit donnant passage à une branche de nerf de la cinquieme paire, à une artere & à une veine qui se distribuent aux dents.

8°. *Les empreintes musculaires*, étant à cette même portion supérieure pour l'attache du muscle sphéno-maxillaire, moteur de la mâchoire.

9°. *L'espace* qui est entre les deux branches, formant ce qu'on appelle extérieurement l'*auge* ou *la ganache*, & intérieurement le *canal*.

10°. *Deux bords*, l'un antérieur, l'autre postérieur.

11°. *La ligne osseuse*, régnant intérieurement le long du bord antérieur, près des dents molaires, & donnant attache au muscle mylo-hyoïdien.

12°. *Les dix cavités* ou *alvéoles* étant à ce même bord, & dont les six supérieures sont aussi considérables que celles qui sont au bord postérieur externe des os maxillaires; ces dix cavités logeant pareillement les dents molaires.

13°. *Les autres cavités* ou *alvéoles*, moins larges & moins profondes, dont la supérieure loge le cro-

E 3

chet dans le cheval & dans la jument bréhaine, &
les autres, les coins, les mitoyennes & les pinces.

14°. *L'espace*, étant entre les molaires & le
crochet, & qu'on appelle en général *les barres*.

15°. *Le tranchant* de ce même bord antérieur,
en cet endroit.

16°. *Son arrondissement* du côté de la face externe, & en descendant vers le crochet, arrondissement ou partie mi-ronde, sur laquelle doit être
fixé l'appui de l'embouchure.

17°. *L'apophyse dite coronoïde*, ou l'éminence
pointue, terminant le prolongement en forme de
courbure de ce même bord antérieur; cette apophyse
prêtant attache au tendon du muscle crotaphite.

18°. *L'arrondissement* du bord postérieur.

19°. *La tubérosité de la mâchoire* à ce même bord,
& à l'endroit de sa courbure.

20°. *Le condyle de la mâchoire*, ou *l'apophyse condyloïde*, résultant de la tête applatie qui termine
cette courbure. C'est par cette apophyse que cette
mâchoire s'articule avec les os temporaux.

21°. *L'échancrure sigmoïde*, ou l'échancrure faite
en forme de croissant, étant entre cette apophyse &
l'apophyse coronoïde.

22°. *L'arrête*, résultant de la réunion des deux
branches à la partie inférieure de ce bord, qui devient toujours plus tranchant à mesure qu'il ap-

proche de la fymphyfe, cette arrête fe noyant dans la convexité que l'on appelle *le menton*, & formant le point fenfible de la barbe.

23°. *Les empreintes mufculaires* qu'on obferve fupérieurement à cette arrête, appellées dans l'homme *apophyfe géni*, & donnant attache aux mufcles geni-hyoïdien & geni-oglofle.

L'Os Hyoïde.

35. Il faut confidérer dans cet os :

1°. *Sa pofition*, à la bâfe de la langue, au-devant & au-deffus du larynx, qu'il embraffe de même que le pharynx.

2°. *Sa compofition*. Il eft formé de cinq pieces offeufes.

3°. *Sa divifion*, en corps & en branches.

4°. *Le corps*, en étant la principale portion, repréfentant un croiffant, & fuivant la convexité du premier cartilage du larynx avec lequel il s'articule.

5°. *L'appendice*, faillant du milieu de ce croiffant, fe portant en-devant, au-deffous de la langue, fa longueur étant d'environ un pouce (trois centimètres.)

6°. *Les branches*, au nombre de deux de chaque côté, dont une grande & une petite.

7°. *Les petites branches*, étant fituées obliquement à peu de diftance de l'appendice, & s'articulant

E 4

affez étroitement avec le corps, pour ne jouir que d'un mouvement très-obfcur.

8°. *Leur articulation* avec les grandes branches, & l'angle aigu qu'elles forment en cet endroit.

9°. *Les grandes branches,* ayant environ cinq pouces de largeur (quatorze centimètres.)

10°. *Leur fituation,* entre les petites branches & l'occipital.

11°. *Leur extrémité inférieure,* par laquelle elles s'uniffent aux petites branches d'une maniere moins intime que l'union des petites branches au corps de l'os ; cette extrémité étant plus étroite que la fupérieure.

12°. *Leur extrémité fupérieure,* formant un angle où s'attache la portion charnue qui occupe l'intervalle qu'il y a de cet angle à l'apophyfe ftyloïde de l'occipital, & cette branche étant articulée par cette extrémité avec l'os temporal.

13°. *Leurs faces,* l'une externe concave, l'autre interne convexe.

Des Os du Col ou de l'Encolure.

36. Sept vertebres cervicales compofent le col ou l'encolure de l'animal. Ces os étant une dépendance de ce que l'on nomme *l'épine,* voyez-en la defcription générale & particuliere, *art.* 50, 51. 52, 53.

Des Os de l'Extrémité antérieure.

37. Chaque extrémité antérieure eft compofée de vingt-une pieces offeufes.

L'omoplate forme l'épaule, l'humerus le bras, le cubitus l'avant-bras, neuf petits os ou offelets, le genou. Il eft encore au-deffous de cette derniere partie, neuf os, qui font le canon, les péronnés, l'os du pâturon, les os féfamoïdes, l'os de la couronne, l'os articulaire, & l'os du pied.

L'Omoplate.

38. L'omoplate eft un feul os. On en confidérera :

1°. *La forme*, qui eft applatie.

2°. *La fituation*, à la partie antérieure & latérale de la poitrine, fur les premieres des vraies côtes, le jeu en étant très-libre, attendu qu'il n'eft borné ni fupérieurement, ni en avant, ni en arriere par les clavicules, l'animal en étant dépourvu.

3°. *Les faces*, l'une interne, l'autre externe.

4°. *La foffe*, ou la légere concavité, étant à la premiere de ces faces, étant garnie de quelques afpérités, & logeant le mufcle fous-fcapulaire.

5°. *L'épine*, ou l'éminence longitudinale, partageant la face externe en deux portions inégales, l'une antérieure & l'autre poftérieure.

6°. *L'empreinte mufculaire*, fe trouvant fur cette

épine, & à laquelle s'attache le mufcle trapefe.

7°. *La foffe antépineufe,* n'étant autre chofe que la portion antérieure des deux portions inégales, elle loge le mufcle antépineux.

8°. *La foffe poftépineufe,* réfultant de la portion poftérieure, plus confidérable que l'antérieure, & logeant le mufcle poftépineux.

9°. *Les bords,* l'un antérieur, l'autre poftérieur.

10°. *Le bord antérieur,* faillant dans toute fon étendue.

11°. *La tubérofité,* ou l'éminence inégale qui le termine inférieurement ; *tubérofité,* dite de *l'omoplate,* & fervant d'attache au mufcle long-fléchiffeur de l'avant-bras.

12°. *L'apophyfe coracoïde,* plus arrondie & plus courte que celle qui, dans l'homme, porte le même nom. Elle eft à la partie latérale interne de la tubérofité, & fert d'attache au mufcle omobrachial.

13°. *L'empreinte mufculaire,* étant à la partie fupérieure de ce bord, donnant attache au mufcle petit pectoral.

14°. *Le bord poftérieur,* femblable au précédent, & ayant de même, à fa partie fupérieure, des empreintes mufculaires pour l'attache des mufcles.

15°. *Les deux extrémités,* l'une fupérieure, l'autre inférieure.

16°. *L'extrémité supérieure*, étant pendant très-long-temps cartilagineuse dans les jeunes chevaux; ce cartilage s'offifiant enfuite en partie, & ne formant qu'un même corps avec cette extrémité fufpendue par un ligament particulier très-fort, qui, d'une autre part, s'attache aux apophyfes épineufes des premieres vertebres dorfales.

17°. *L'extrémité inférieure*, fe terminant par une éminence creufée légerement.

18°. *La cavité glénoïde*, réfultant du creux pratiqué dans cette éminence, cette cavité recevant la tête de l'humerus, & formant l'articulation par genou du bras avec l'épaule.

19°. *L'échancrure*, étant au bord de cette cavité pour le paffage des vaiffeaux qui vont dans l'articulation.

L'Humerus.

39. L'humerus eft un os cylindrique qui forme le bras. On en confidérera :

1°. *Le corps*, ou la partie moyenne, & les deux extrémités, l'une fupérieure, l'autre inférieure.

2°. *Le corps*, en étant la portion la plus étroite.

3°. *La tubérofité externe*, ou l'éminence longitudinale, contournée en arriere, étant à la partie latérale de ce corps.

4°. *La grande finuofité*, régnant dans toute l'éten-

due de ce même corps , & logeant le mufcle court-
fléchiffeur de l'avant-bras.

5°. *La tubérofité interne*, étant à fa portion latérale interne.

6°. *L'extrémité fupérieure*, beaucoup plus volumineufe que le corps , & qu'on a appellé jufqu'ici
affez mal-à-propos *la pointe de l'épaule*.

7°. *La tête arrondie*, poftérieure à cette même
extrémité , & qui s'articule avec l'omoplate.

8°. *Les trois éminences*, étant à fa partie antérieure, féparées par des finuofités fervant de paffage
& de couliffe au tendon du mufcle long-fléchiffeur
de l'avant-bras.

9°. *La cavité*, étant derriere ces éminences , &
fervant à loger le bord antérieur de la cavité
glénoïde dans différens mouvemens de l'épaule
avec le bras.

10°. *L'éminence*, étant à fa partie latérale externe,
fervant d'attache au mufcle poftépineux.

11°. *L'extrémité inférieure*, fe terminant par une
éminence arrondie, mais oblongue, formant l'articulation du bras avec l'avant-bras , articulation
opérée par charniere.

12°. *La finuofité fuperficielle*, partagée par une
éminence dans fon milieu, & recevant une éminence de l'os qui s'articule avec elle.

13°. *Les condyles*, l'un interne, l'autre externe.

14°. *La légere cavité*, qui, antérieurement &
supérieurement aux condyles, loge, dans les mouvemens considérables de flexion, l'éminence de ce
même os qui s'y articule.

15°. *La cavité profonde*, étant à la partie postérieure, recevant, dans les mouvemens de flexion
de l'avant-bras, la pointe du coude ou l'olécrâne.

Le Cubitus.

40. Le cubitus seul forme l'avant-bras, & présente
trois parties, une moyenne, & deux extrémités.

On en considérera :

1°. *Le corps* ou *la partie moyenne*, qui est cylindrique & assez égale.

2°. *La légere convexité*, qui est au-devant de ce
corps.

3°. *Les empreintes musculaires*, étant à sa partie
postérieure.

4°. *L'apophyse olécrâne*, ou l'éminence considérable, étant à l'extrémité supérieure de ce même
os, & qui, séparée de son corps dans le poulain,
n'est alors qu'une épiphyse. Il est même quelquefois
dans le cheval des intervalles sensibles dans l'union
de ces deux pieces.

5°. *Les faces de cette apophyse*, l'une externe,
qui est arrondie, l'autre interne, légérement creu-
sée, sa concavité fournissant passage à des tendons.

6°. *Les extrémités de cette même apophyse*, l'une supérieure, raboteuse, inégale comme une tubérosité, servant d'attache aux tendons des muscles extenseurs de l'avant-bras.

7°. *L'épine de l'olécrâne*, ou l'éminence longuette & pointue, régnant tout le long du corps de l'os, & par laquelle se termine l'extrémité inférieure de cette apophyse.

8°. *La cavité sémi-lunaire*, se montrant à la partie antérieure de l'olécrâne, au lieu du principe de sa jonction avec le cubitus.

9°. *Les deux facettes articulaires*, par lesquelles il s'unit à cet os.

10. *L'éminence*, bornant cette cavité, & reçue, ainsi que je l'ai dit, lors des grands mouvemens d'extension de l'avant-bras, dans la cavité postérieure de l'humerus.

11°. *Le plus grand élargissement* sensible dans le cubitus à sa partie supérieure, au-dessus de l'apophyse olécrâne ; cet os présentant dans ce lieu une tête, laquelle est applatie.

12°. *Les deux légeres facettes*, qui reçoivent les condyles de l'humerus, partagées par de légeres éminences.

13°. *Les tubérosités*, l'une externe, l'autre interne, ou les éminences inégales étant directement au-dessous de la tête applatie, & servant d'attache à des muscles.

14°. *Les facettes*, étant à la partie poſtérieure, & répondant à de pareilles facettes de l'olécrâne.

15. *Les facettes liſſes & polies*, qui ſe joignent avec la premiere rangée des petits os du genou, & par leſquelles ſe termine l'extrémité inférieure de l'os, plus large à cette extrémité que dans ſon corps.

16°. *La cavité* étant à la partie poſtérieure de cette même extrémité, & recevant dans de forts moüvemens de flexion du genou l'extrémité poſtérieure du ſecond os de la premiere rangée.

17°. *Les trois ſinuoſités* étant à ſa partie antérieure, partagées par de légeres tubéroſités, & par où paſſent les tendons des muſcles extenſeurs du canon, & des extenſeurs du pied.

Les Os du Genou.

41. Neuf petits os propres & particuliers au genou, forment enſemble cette partie, & c'eſt par eux que l'avant-bras ſe trouve joint avec le canon.

Il faut en conſidérer :

1°. *La diſpoſition en deux rangs*, quatre au premier, trois au ſecond, & deux hors de rang, que l'on pourroit appeller *les piſiformes*.

2°. *Leur union* par de forts ligamens, union ſi étroite, qu'ils paroiſſent ne faire qu'un ſeul os, à l'exception des piſiformes & du premier os du pre-

mier rang, qui paroît être détaché des autres, &
qui fait une éminence en arriere ; cet os pouvant
être appellé *l'os crochu,* & fervant d'attache à un
ligament confidérable attaché d'une autre part à
la partie fupérieure du canon & aux offelets oppo-
fés à ce même os du canon, d'où réfulte une arcade
ligamenteufe, par où paffent les tendons des mufcles fléchiffeurs du pied.

3°. *La finuofité* confidérable qui fe rencontre
à la partie interne de ce même os crochu, & au
moyen de laquelle il contribue à la formation de
cette arcade.

L'Os du Canon & les Péronnés.

42. Un os principal & deux petits os qui lui font unis,
forment ce que nous appellons du nom général de
canon. On confidérera dans l'os principal :

1°. *Sa forme,* cylindrique dans tout fon corps,
qui d'ailleurs eft liffe & fort unie.

2°. *Son extrémité fupérieure,* applatie & partagée
en plufieurs facettes répondant aux petits os du
genou.

3°. *Les facettes latérales,* qui reçoivent les péronnés.

4°. *La tubérofité,* étant à fa partie extérieure.

5°. *Son extrémité inférieure,* plus liffe & plus
arrondie.

6°.

6°. *L'éminence circulaire* qui la partage , & qui fait de l'articulation de cet os avec celui du pâturon une articulation par charniere.

Dans les péronnés , il faut considérer :

7°. *Leur position*, le long des parties latérales & postérieure du canon.

8°. *Leur forme*; ils peuvent être regardés comme les épines de cet os.

9°. *Leur extrémité supérieure*, qui est la plus considérable , & que je nomme *la tête*.

10°. *Les petites facettes* étant à cette même extrémité , & répondant à de pareilles empreintes qui se rencontrent au canon ou aux osselets qui composent le genou.

11°. *Leur diminution insensible*, à mesure qu'ils parviennent à leur extrémité inférieure.

12°. *Le petit bouton* qui la termine , & que des demi-connoisseurs prennent assez souvent pour un suros , sur-tout lorsque le volume en est plus considérable dans certains chevaux que dans d'autres.

13°. *Leur union* si intime au canon , qu'ils paroissent contigus à cet os.

14°. *L'intervalle* qu'ils laissent entr'eux, pour loger un fort ligament qui s'étend jusqu'au pâturon.

Les Os Séfamoïdes.

43. On considérera dans les os séfamoïdes :

1°. *Leur situation*, sur la partie postérieure de l'articulation du boulet & du pâturon.

2°. *Les facettes*, recouvertes de cartilages lisses & polis ; l'une répondant à l'articulation du boulet ; la postérieure facilitant le jeu du tendon du muscle fléchisseur du pied.

L'Os du Pâturon.

44. Il faut considérer dans l'os du pâturon :

1°. *Sa longueur*, étant d'environ quatre pouces (neuf centimètres) dans les chevaux bien jointés & d'une taille moyenne.

2°. *Sa partie supérieure*, qui est la plus large.

3°. *Les trois fosses* creusées dans cette même partie, & répondant aux éminences de l'extrémité inférieure de l'os du canon.

4°. *Les deux éminences*, se montrant à la portion postérieure de cette même partie, une de chaque côté, à laquelle répondent les os séfamoïdes destinés par leur faillie à donner plus de force à l'action du muscle qui vient s'y attacher par son tendon.

5°. *L'extrémité inférieure* de cet os.

6°. *La division* de cette même extrémité par une légere foffette, contribuant à l'articulation de cet os avec la couronne, cette articulation ayant lieu par charniere.

L'Os de la Couronne.

45. L'os de la couronne est moins confidérable que

le précédent. On en confidérera :

1°. *La forme*, qui eft à-peu-près quarrée.

2°. *L'extrémité fupérieure*, partagée en deux foffettes qui s'articulent avec le précédent.

3°. *L'extrémité inférieure*, divifée au contraire en deux éminences par une foffette ; ce qui fait encore une articulation par charniere, de cet os avec l'os du pied.

4°. *Les empreintes ligamenteufes*, étant dans toute l'étendue de cet os.

L'Os Articulaire.

46. On doit confidérer dans l'os articulaire :

1°. *Sa fituation*, à la partie poftérieure de l'articulation du pied.

2°. *Sa forme*, qui eft celle d'une navette.

3°. *Ses bords*, l'un fupérieur, l'autre inférieur, tous les deux percés de plufieurs petits trous pour l'attache des ligamens.

4°. *La facette cartilagineufe* étant au bord inférieur, pour fon articulation avec l'os du pied.

5°. *Ses faces*, l'une antérieure, l'autre poftérieure, chacune d'elles ayant deux finuofités, féparées par une petite éminence garnie d'un cartilage liffe & poli, pour faciliter d'un côté le mouvement de l'articulation, & de l'autre le gliffement du tendon fléchiffeur du pied.

F 2

6°. *Les deux angles*, l'un externe, l'autre interne, étant fixés par les ligamens latéraux de cette articulation.

L'Os du Pied.

47.　On ne peut se dispenser d'envisager dans l'os qui forme le pied :

1°. *Sa substance*, beaucoup moins compacte & plus spongieuse que celle des os précédens.

2°. *Les trous multipliés* dont il est percé, & qui sont autant de porosités.

3°. *Sa figure*, répondant à celle de l'ongle de l'animal.

4°. *Sa portion supérieure*, partagée en trois facettes lisses & polies, qui s'articulent avec l'os de la couronne & l'os articulaire.

5°. *Sa portion inférieure*, légérement concave, tapissée en partie par l'aponévrose qui résulte du ten'on du muscle fléchisseur.

6°. *Sa portion antérieure*, arrondie & continuée avec les parties latérales.

7°. *Ses portions latérales*, l'une interne, l'autre externe, se terminant par deux éminences en forme de bec, garnies d'un cartilage qui s'ossifie dans les vieux chevaux.

8°. *Les échancrures* de ces mêmes éminences, par lesquelles passent les vaisseaux sanguins qui se distribuent dans tout le pied.

9°. *L'échancrure* de la partie postérieure.

10°. *Le demi-croissant*, formé par l'intervalle de ces deux éminences.

11°. *Les deux trous* assez considérables, qui pénetrent dans le corps même de l'os, & par où s'introduisent les vaisseaux sanguins qui s'y distribuent.

12°. *Les deux bords*, résultant de la plus grande étendue en hauteur de la portion antérieure.

13°. *Le bord supérieur*, régnant le long de l'articulation, & répondant à la couronne.

14°. *Le bord inférieur*, plus grand & plus tranchant, répondant au contour de la pince.

SECTION II.
Des Os du Corps.

48. LE corps est composé, en général, de l'épine, des côtes & du sternum.

L'épine est cette colonne osseuse, qui comprend non-seulement trente-une vertebres & l'os sacrum, mais encore plusieurs petits os qui forment la queue, ensorte que cette colonne s'étend depuis la tête jusqu'à cette derniere partie. Il est bon néanmoins d'observer que les sept vertebres cervicales sont comprises dans l'avant-main, comme l'os sacrum & les os de la queue sont compris dans l'arriere-main : aussi, pour rentrer dans l'ordre de notre premiere division, nous envisagerons dans l'épine cinq parties différentes, c'eſt-à-dire, ſept vertebres cervicales appartenant à l'encolure ; dix-huit vertebres dorſales, ſix vertebres lombaires appartenant au corps ; l'os ſacrum & les os de la queue étant une dépendance de l'arriere-main.

Des Vertebres.

49. On doit conſidérer toutes les vertebres par ce qu'elles ont de commun entr'elles, & par ce qu'elles ont de particulier chacune.

Sous le premier point de vue, elles préſentent un corps, ſept apophyſes, quatre échancrures, & un trou conſidérable, par où paſſe la moëlle épiniere.

On en conſidérera donc d'abord :

1°. *Le corps*, qui en forme la bâſe.

2°. *La tête*, étant à la partie antérieure de ce corps.

3°. *La cavité* étant à ſa partie poſtérieure, recevant la tête de la vertebre qui lui répond, & cette cavité diminuant & s'effaçant toujours, ainſi que la tête, à meſure de la terminaiſon de l'épine.

4°. *Les petits trous* étant ſur le corps, & deſtinés à donner paſſage à des vaiſſeaux ſanguins pour la nourriture de l'os.

5°. *Les apophyſes latérales ou tranſverſes*, au nombre de deux.

6°. *Les apophyſes obliques*, ſervant à leur articulation, & au nombre de quatre, la face articulaire des deux antérieures étant en-deſſus, celle des poſtérieures en-deſſous.

7°. *L'apophyſe épineuſe*, formant la ſeptieme & étant unique.

8°. *Les échancrures*, qui placées entre le corps de la vertebre & l'apophyſe tranſverſe, ſont deux antérieures & deux poſtérieures; la jonction des échancrures poſtérieures de la vertebre de devant avec les échancrures antérieures de la vertebre de derriere, formant un trou qui pénetre dans le canal de l'épine, & par où ſortent de chaque côté les nerfs cervicaux, intercoſtaux & lombaires.

9°. *Le trou vaſte*, formant ce canal, & contenant la moëlle épiniere.

10°. Enfin, *l'union* de ces vertebres par deux articulations; la premiere ayant lieu par les apophyſes obliques qui gliſſent l'une ſur l'autre, & d'où réſulte une articulation par couliſſe; l'autre s'exécutant par la tête, qui, reçue dans une cavité, forme une eſpece d'articulation par genou; mais on peut dire qu'elle eſt très-bornée.

Les Vertebres cervicales.

50. Ce qui diſtingue les vertebres cervicales des autres vertebres, eſt :

1°. *Leur volume.*

2°. *Le défaut d'apophyſe épineuſe.*

F 4

3°. *L'éminence légere* qui en tient lieu, & qui est couchée le long de leur partie supérieure ou de leur corps.

4°. *La plus grande étendue* de leurs apophyses transverses.

5°. *Le canal*, dont ces mêmes apophyses sont percées pour le passage des vaisseaux vertébraux qui se portent à la tête.

6°. *Les éminences*, situées antérieurement & sur le corps de l'os, donnant attache aux tendons du muscle long-fléchisseur de l'encolure.

51.   La premiere vertebre cervicale differe des autres vertebres de l'encolure ou du col.

1°. *Par l'entrée plus large du canal*, par où passe la moëlle épiniere, & qui reçoit l'apophyse odontoïde de la seconde.

2°. *Par les deux fosses sémi-lunaires*, qui sont à cette entrée, & qui reçoivent les deux condyles de l'os occipital; ce qui forme la jonction par genou de l'encolure avec la tête.

3°. *Par les deux petites cavités*, étant aux parties latérales du canal, servant d'attache à des ligamens qui y assujetissent l'apophyse odontoïde.

4°. *Par la facette articulaire*, sur laquelle glisse cette même apophyse.

5°. *Par la forme & l'étendue de ses apophyses obliques postérieures*, qui facilitent ses mouvemens de rotation sur la vertebre à laquelle elle est articulée.

6°. *Par la forme & l'étendue plus considérable de ses apophyses transverses.*

7°. *Par la cavité*, résultant de ces mêmes apophyses à leur partie inférieure.

8°. *Par le trou*, étant de chaque côté à la bâse de la cavité articulaire, & donnant passage à un rameau de l'artere occipitale.

9°. *Par les trous* qu'on observe à cette vertebre de chaque côté, supérieurement & inférieurement, pour le passage des vaisseaux & des nerfs.

52. La seconde vertebre cervicale differe de la premiere & des autres :

1°. *Par sa longueur.*

2°. *Par l'apophyse odontoïde*, ou l'éminence qui est à son extrémité antérieure, & qui entre dans le canal vertébral de la premiere.

3°. *Par la largeur* de ses apophyses obliques antérieures, qui répondent dès-lors aux postérieures de la premiere.

4°. *Par l'éminence très-considérable*, qui tient lieu d'apophyse épineuse, & qui s'étend tout le long du corps de cet os.

5°. *Par les trous allongés*, un de chaque côté, près des échancrures antérieures.

53. La derniere ou septieme vertebre cervicale differe de la précédente, de la premiere, & des quatre autres qui sont semblables entr'elles :

1°. *Par son volume*, moins considérable.

2°. *Par ses apophyses transverses*, qui ne sont pas percées, les vaisseaux vertébraux ne pénétrant dans les vertebres que dès la sixieme.

3°. *Par les deux facettes* destinées à l'articulation de la premiere des vraies côtes.

Les Vertebres dorsales.

54. Il faut considérer dans les vertebres dorsales en général :

1°. *Le volume*, qui en est moindre que celui des cervicales.

2°. *Les apophyses transverses*, ayant moins de longueur.

3°. *Les apophyses épineuses*, étant très - considérables.

4°. *Les apophyses obliques*, n'étant, pour ainsi dire, que des facettes qui se joignent les unes aux autres.

5°. *Les quatre demi-facettes*, étant aux parties latérales de leur corps, dont deux antérieures & deux postérieures pour recevoir la tête de la côte ; la demi-facette postérieure d'une vertebre avec l'antérieure de celle qui suit, formant ensemble & à cet effet une cavité de chaque côté.

6°. *La facette entiere*, étant à leurs apophyses transverses, pour recevoir la tubérosité de la côte.

7°. *Leur jonction par leur corps*, ne constituant pas une articulation si considérable que les cervicales ;

les têtes & les cavités diminuant, ainfi que je l'ai dit, jufqu'aux vertebres des lombes.

55. Dans les vertebres dorfales, confidérées en particulier, on obfervera que la premiere vertebre dorfale ayant antérieurement une facette, qu'elle partage avec la cervicale qui la précede, eft diffemblable aux autres :

1°. *Par la cavité fémi-lunaire*, étant à l'apophyfe tranfverfe, & recevant la tubérofité.

2°. *Par le moins de volume* de fon apophyfe épineufe.

3°. *Par les apophyfes obliques antérieures*, femblables aux mêmes apophyfes des cervicales.

56. On verra en fecond lieu :

1°. *Que les trois fuivantes* diminuent en hauteur.

2°. *Que les fix dernieres* font moins élevées, mais plus larges, & que leur élévation eft égale.

3°. *Que la derniere ou dix-huitieme* n'a point poftérieurement de facette, la derniere côte s'articulant avec la dix-feptieme & la dix-huitieme de ces vertebres.

Les Vertebres lombaires.

57. On confidérera dans les vertebres lombaires, au nombre dè fix :

1°. *Leur reffemblance* aux dernieres vertebres dorfales par leur corps, & par leurs apophyfes épineufes.

2°. *La faillie* de leurs aphophyfes tranfverfes ou

latérales ; faillie plus confidérable , mais néceffaire pour le foutien des mufcles , qui plus antérieurement étoient foutenus par les côtes.

3°. *Le défaut* en elles de facettes latérales , qui auroient été inutiles , puifqu'elles ne reçoivent point de côte.

4°. *Les différences qui font entr'elles ,* réfidant principalement dans la derniere , & réfultant de l'applatiffement plus confidérable de fon corps.

5°. *De fa plus grande largeur* dans fes apophyfes tranfverfes.

6°. *De la facette articulaire* qui fe trouve poftérieurement à ces mêmes apophyfes pour fon articulation avec l'os facrum.

58. Les mouvemens de cette colonne offeufe doivent varier fuivant la configuration des pieces qui la compofent. On obfervera donc :

1°. *Que les vertebres cervicales* fe meuvent librement , parce qu'elles n'ont point d'apophyfes épineufes qui les gênent , & qu'elles ne font unies à aucun autre os.

2°. *Que la premiere de ces vertebres* a un mouvement de rotation dépendant de la forme évafée de fes apophyfes obliques , & de celles de la feconde. Elle tourne autour de l'apophyfe odontoïde de celle-ci.

3°. *Que les vertebres dorfales* font celles qui ont le moins de mobilité , foit parce que la longueur

de leur apophyfe épineufe, & leur pofition directement les unes devant les autres, les privent de
la faculté de fe mouvoir; foit parce qu'elles s'articulent avec les côtes, & que fi elles avoient été
fufceptibles de mouvemens confidérables, les vifceres contenus dans le thorax en auroient infailliblement fouffert.

4°. *Les vertebres lombaires* font plus mobiles que
celles - ci, mais non autant que les cervicales,
attendu la longueur de leurs apophyfes tranfverfes,
& le refferrement de leur articulation.

5°. Enfin, *le cartilage intermédiaire*, extrêmement
élaftique & infiniment fouple, dont les uns & les
autres de ces os font munis, doit en rendre l'action
beaucoup plus facile & plus douce.

L'Os Sacrum.

59. L'os qui fuit immédiatement les vertebres, eft
l'os facrum. Quoiqu'il faffe, ainfi que les os de la
queue, partie des os de l'arriere-main, nous en placerons ici la defcription, parce qu'ils font au nombre des os que comprend l'épine.

Il faut confidérer dans l'os facrum :

1°. Sa *figure* triangulaire.

2°. Sa *compofition*. Dans les poulains, il eft formé
de cinq os, qui font comme autant de vertebres qui
s'uniffent entiérement enfuite dans le cheval.

(94)

3°. *Le canal offeux*, dont il eft percé dans toute fa longueur, canal qui répond au canal des vertebres, & qui loge l'extrémité de la moëlle de l'épine.

4°. *La face*, ou la partie fupérieure préfentant une éminence compofée en quelque maniere de cinq apophyfes épineufes, qui ne font féparées que par leurs extrémités.

5°. *La partie ou la face inférieure*, applatie, percée de quatre ou cinq trous pénétrant dans le canal de l'épine, & par lefquels fortent des cordons de nerfs.

6°. *Son extrémité antérieure*, fe joignant avec la derniere vertebre lombaire ; cette articulation femblable à celle des autres vertebres, s'opérant par le moyen de deux apophyfes obliques, & d'une efpece de tête.

7°. *Les échancrures*, au nombre de trois, qui, avec de pareilles échancrures de la derniere vertebre lombaire, forment des trous pour le paffage des nerfs.

8°. *Les deux facettes*, étant aux parties latérales de cette même extrémité, & fe joignant aux apophyfes tranfverfes de la derniere vertebre lombaire.

9°. *Les deux facettes* poftérieures, pour l'articulation de cet os avec l'iléon.

10°. *Son extrémité postérieure*, s'unissant avec le premier des os de la queue par sa partie moyenne seulement.

Les Os de la Queue.

60. On considérera dans les os de la queue :

1°. *Le nombre.* Il en est quatorze ou quinze.

2°. *La figure.* Ils sont semblables à de petites vertebres.

3°. *L'union* du premier à l'extrémité postérieure de l'os sacrum.

4°. *L'articulation* successive des autres.

5°. *Le volume*, qui diminue toujours insensiblement.

6°. *Le trou*, conservé dans le premier, & par lequel se termine le canal de l'épine.

7°. *L'échancrure*, étant à la partie supérieure des suivans ; c'est là que finit le trajet de la moëlle épiniere.

Le Sternum.

61. Le sternum & les côtes composent le thorax.

Il faut considérer dans le sternum :

1°. *Sa substance*, qui est spongieuse.

2°. *Sa longueur*, d'environ un pied (trente-six centimètres) dans les chevaux ordinaires.

3°. *Sa position*, légérement oblique à la partie antérieure & inférieure du thorax, où il sert comme

de clef ou d'arc-boutant aux côtes, principalement aux neuf premieres, qui s'y joignent immédiatement.

4°. *Sa compofition*. Il eft formé de fix ou fept os
dans les poulains. Ces os fe trouvent tellement
unis dans le cheval, qu'ils femblent n'en faire
qu'un feul ; néanmoins les veftiges de cette union
font affez conftans.

5°. *Sa forme*, affez reffemblante à la carêne d'un
vaiffeau.

6°. *Ses faces*, au nombre de trois ; la face interne
fervant d'attache au mufcle du fternum & au péricarde ; les faces latérales fe terminant par un
cartilage uni & tranchant, que l'on nommera *le
bord tranchant* du fternum.

7°. *Les petites facettes*, au nombre de huit à
neuf, placées le long de ces deux faces, à chaque
intervalle des pieces offeufes, pour l'articulation
des cartilages des vraies côtes.

8°. *Ses extrémités*, l'antérieure fe terminant par
un cartilage qui finit lui-même d'abord en s'ar-
rondiffant, & enfuite par une efpece de bec ; c'eft
ce qu'on appellera *la pointe du fternum*. La poftérieure applatie, finiffant par un cartilage pointu,
qui, vu fa reffemblance, dans l'homme & dans
l'animal, à la pointe d'un poignard, eft nommé
le cartilage xiphaïde.

Les

Les Côtes.

62. Les côtes font des os étroits figurés en demi-cercles, & plus ou moins arrondis, felon leur grandeur. On en confidérera :

1°. *Le nombre.* Il en eft trente-fix, dix-huit de chaque côté : quelquefois on n'en compte que dix-fept; alors il n'y a que dix-fept vertebres dorfales : quelquefois auffi il en eft dix-neuf, & alors c'eft l'apophyfe tranfverfe de la premiere vertebre lombaire qui fe prolonge, & qui forme cette dix-neuvieme côte.

2°. *La divifion*, en côtes *vraies* & en *fauffes* côtes : les neuf premieres dites *vraies*, parce qu'elles atteignent le fternum par leurs cartilages ; les neuf poftérieures dites *fauffes*, parce que leurs cartilages fe joignent & fe couchent feulement les uns fur les autres, c'eft-à-dire, que celui de la onzieme s'unit avec celui de la dixieme, & ainfi fucceffivement.

3°. *La longueur :* elle augmente toujours depuis la feconde jufqu'à la neuvieme ; elle décroît & diminue enfuite infenfiblement jufqu'à la derniere, enforte que les deux premieres des vraies & les neuf fauffes font plus courtes que celles qui font entr'elles.

4°. *La largeur*, les vraies côtes étant plus larges & plus applaties.

5°. *La pofition*, aux faces latérales des vertebres, la premiere étant prefque perpendiculaire à l'épine du fternum, la feconde l'étant moins, & fe portant un peu plus en-dehors, cet arrangement étant fuivi jufqu'à la dix-huitieme ; ce qui, avec la différence de la longueur & de la courbure, rend le thorax extrêmement étroit antérieurement, & plus évafé poftérieurement ; auffi les dernieres côtes étant plus élevées, & en même-temps plus courtes, préfentent-elles depuis le fternum, un triangle réfultant **du** vuide qui fe trouvent entr'elles.

6°. *La fubftance*, partie *offeufe*, partie *cartilagineufe* : offeufe à leur portion fupérieure, cartilagineufe à leur portion inférieure ; les cartilages augmentant toujours en longueur depuis la premiere jufqu'à la derniere, celui de la premiere étant extrêmement court & plus large, parce que la côte a plus de largeur, celui de la feconde ayant moins de largeur & plus de longueur, & ainfi fucceffivement des autres, qui dans les dernieres font très-minces.

7°. *Les connexions ;* favoir, premierement celles des vraies côtes, d'une part, au neuf premieres vertebres dorfales, & de l'autre, au fternum par leurs portions cartilagineufes reçues dans les petites facettes dont j'ai parlé, de maniere que toute mobilité n'eft pas interdite à ces cartilages, à l'exception de celui de la premiere qui n'en reconnoît point, attendu fa briéveté & fon union intime avec l'os ; secondement, celles des fauſſes côtes d'une part avec les vertebres dorſales ſuivantes, & de l'autre, entr'elles par leurs cartilages ; des ligamens affermiſſant au ſurplus l'articulation des unes & des autres.

8°. *Le corps*, étant entre les deux extrémités.

9°. *Les faces*, l'une *interne*, étant liſſe, polie & concave, pour donner plus d'amplitude au thorax ; l'autre externe, étant convexe.

10°. *Les extrémités ;* la *ſupérieure* répondant aux vertebres.

11°. *Les éminences* que préſente cette extrémité, l'une dite *la tête* de la côte, l'autre *ſa tubéroſité*.

12°. *Les façettes* étant ſur les parties latérales de la tête, & partagées par une éminence.

13°. *La facette* étant ſur la tubéroſité, & répondant à une pareille facette des apophyſes tranſverſes.

14°. *L'extrémité inférieure*, garnie d'une facette, pour recevoir le cartilage qui s'y unit immédiatement, & d'une maniere qui ne permet aucun mouvement à cette jonction.

15°. *Les bords ;* l'*antérieur* arrondi dans la premiere des vraies côtes, comme dans celles qui ſont fauſſes, & tranchant dans les huit dernieres vraies.

16°. *La ſinuoſité*, ſe montrant extérieurement

dans toute l'étendue de ce même bord , moins marquée depuis la feptieme jufqu'à la treizieme côte , s'évanouiffant dans les autres , & fervant d'attache aux mufcles intercoftaux.

17°. *Le bord poftérieur* arrondi , fon arrondiffement augmentant toujours dans les fauffes côtes.

18°. *La fciffure ,* étant à la partie fupérieure de ce bord , s'évanouiffant de même que la finuofité du bord antérieur , & logeant le nerf , l'artere & la veine intercoftale , ces vaiffeaux fe rencontrant quelquefois néanmoins dans le milieu de l'intervalle qui eft entre les côtes.

SECTION III.

Des Os de L'Arriere-main.

63. L'ARRIERE-MAIN comprend l'os facrum , les os de la queue décrits art. 59 & 60 , & les os du baffin , ainfi que ceux des extrémités poftérieures.

Des Os du Baffin.

64. Le baffin n'eft , à proprement parler , que l'efpace confidérable qui eft entre les os dont il eft formé. Il contient le dernier des inteftins , la veffie & les parties de la génération.

Les fept os du concours defquels il réfulte ,

font trois pairs, deux iléon, deux ifchion, deux pubis, & un impair qui eft l'os facrum, fitué dans le milieu, & fervant comme de clef à tous les autres.

Les os pairs ne font féparés que dans les jeunes poulains. Dans le cheval, ceux d'un même côté font non-feulement unis entr'eux, ils le font encore avec ceux du côté oppofé, enforte que ces fix os paroiffent n'en former qu'un feul.

Les Iléon.

65. Les os iléon font les plus confidérables des os du baffin : ils forment ce qu'on appelle communément *les hanches*, & fe montrent en-dehors dans les chevaux atrophiés. Leur trop grande faillie eft un défaut qui rend l'animal *cornu*.

Il faut en confidérer :

1°. *La figure*, qui eft triangulaire.

2°. *Les faces*, l'une *externe*, liffe, concave, logeant les mufcles feffiers ; l'autre *interne*, plus légèrement concave, & couverte par le mufcle iliaque.

3°. *L'âpreté* de cette même face dans fa partie poftérieure, & fon union par cette même partie avec un cartilage fervant d'attache à l'os facrum, & qui le joint avec ces os.

4°. *Le corps ou la partie moyenne*, qui ne préfente rien de particulier.

G 2

5°. *Les angles*, au nombre de trois.

6°. *L'angle postérieur*, s'uniffant à l'os facrum.

7°. *L'angle antérieur* plus large, & garni de plufieurs afpérités où s'attache la partie poftérieure des mufcles abdominaux, ainfi que plufieurs muf-cles de la cuiffe.

8°. *La crête*, fituée entre les angles antérieur & poftérieur, donnant attache au mufcle long-dorfal.

9°. *L'angle inférieur*, s'uniffant à l'os pubis & à l'os ifchion.

10°. *La concavité* étant à ce même angle, & contribuant avec l'ifchion à la formation de la cavité cotyloïde.

11°. *Les empreintes mufculaires*, qui dans ce même angle fervent d'attache au mufcle moyen-feffier.

12°. *Les échancrures*.

13°. *La premiere femi-lunaire*, entre l'angle anté-rieur & inférieur, fur laquelle paffent les tendons des mufcles iliaque & pfoas allant à la cuiffe, ainfi que les vaiffeaux cruraux, arteres, veines & nerfs.

14°. *La feconde échancrure*, entre l'angle infé-rieur & poftérieur, moins confidérable que l'autre, & fur laquelle paffent les nerfs fciatiques.

Les Ifchion.

66. Les ifchion font fitués au-deffous des iléon : ils font unis à ces derniers os & aux pubis.

On en confidérera :

1°. *Le corps*, qui en eft la portion la plus forte.

2°. *La partie antérieure*, fervant d'attache au mufcle biceps.

3°. *La tubérofité*, formant la partie inférieure, & fervant d'attache aux tendons de plufieurs mufcles de la cuiffe & de la jambe.

4°. *Les branches*; *l'antérieure* s'uniffant avec l'os pubis, *la fupérieure* beaucoup plus forte s'uniffant avec l'iléon, & formant la plus grande portion de la cavité cotyloïde.

5°. *L'enfoncement inégal*, étant dans le milieu de cette cavité, & à-peu-près dans l'endroit de la jonction des deux os; le ligament rond qui retient le fémur dans cette même cavité, s'y attache.

6°. *L'échancrure*, interrompant cette cavité qui n'eft pas exactement ronde; échancrure qui répond à l'enfoncement qui loge le ligament rond, & qui eft remplie par un autre ligament très-fort qui la ferme. C'eft par elle que paffent les tendons des mufcles du bas-ventre. La luxation de la cuiffe pourroit être plus facile de ce côté qu'en-dehors, où la cavité eft plus haute.

7°. *L'échancrure confidérable*, fituée entre les deux branches de l'os, & formant la portion la plus grande du trou ovalaire; c'eft là que font les mufcles obturateurs.

G 4

8°. *L'échancrure*, plus étendue & moins concave, par où paſſe le tendon de l'obturateur interne , & qui eſt entre la tubéroſité & la branche poſtérieure.

9°. *L'échancrure triangulaire*, réſultant de l'union de cet os avec ſon ſemblable, les racines du membre du cheval y étant attachées, & l'urethre y paſſant par conſéquent, tandis que dans la jument cette même échancrure fournit un paſſage au vagin.

Les Pubis.

67.   Les os pubis ſont les troiſiemes des os du baſſin. Il faut en conſidérer :

1°. *Le volume*, plus petit que celui des autres.

2°. *La forme*, triangulaire.

3°. *Les bords*, au nombre de trois.

4°. *Le bord interne*, ſe joignant par ſymphyſe avec le pubis du côté oppoſé, leur union étant la même que celle des deux iſchion.

5°. *Le bord antérieur*, ſervant d'attache au muſ-cle droit de l'abdomen & à une portion des obliques.

6°. *La légere ſinuoſité*, étant près de ce bord & par où gliſſe le tendon des muſcles du bas-ventre.

7°. *Le bord externe*, finiſſant le trou ovalaire & la cavité cotyloïde.

Des Os des Extrémités poſtérieures.

68.   Chaque extrémité poſtérieure eſt compoſée de dix-neuf pieces oſſeuſes.

Le fémur forme la cuisse ; le tibia & son épine forment la jambe ; la rotule se trouve sur l'extrémité inférieure du fémur ; six os composent le jarret, & au-dessous de cette partie, ces extrémités ne diffèrent en rien, par rapport au nombre des os, des extrémités antérieures.

Le Fémur.

69. Le fémur est de tous les os qui étayent & qui affermissent la machine, celui qui est le plus considérable. Il faut en considérer :

1°. *Le corps*, qui en est la partie moyenne.

2°. *L'apophyse*, nommée *le petit trochanter*, étant à la partie latérale externe de ce corps.

3°. *La tubérosité*, étant à sa partie latérale interne, & à laquelle s'attachent les muscles iliaque & psoas.

4°. *La ligne raboteuse* étant en-dessous de cette tubérosité, & servant d'attache au muscle biceps.

5°. *L'extrémité supérieure*, présentant trois éminences.

6°. *La tête arrondie*, formant la plus grande de ces éminences : elle entre dans la cavité cotyloïde, & il en résulte une articulation par genou de la cuisse avec le bassin.

7°. *L'échancrure*, étant à la partie latérale interne de cette éminence, & où s'attache le ligament rond qui tient cet os affujetti dans la cavité où il s'emboëte; un autre ligament s'attachant, au furplus, avec les os des îles en paffant par-deffus cette articulation.

8°. *Le grand trochanter*, c'eft-à-dire, l'apophyfe ou l'éminence la plus élevée donnant attache au mufcle grand-feffier.

9°. *La cavité*, placée derriere le grand trochanter, pour l'attache des mufcles quadri-jumeaux.

10°. *La tubérofité*, ou la troifieme éminence âpre, raboteufe, moins détachée du corps de l'os que les autres, & fervant d'attache au mufcle moyen-feffier.

11°. *L'extrémité inférieure*, terminée de même par trois éminences, dont une antérieure & deux poftérieures.

12°. *L'éminence antérieure*, liffe & polie, fur laquelle la rotule porte, gliffe & fait fes mouvemens.

13°. *Les éminences poftérieures* ou *les condyles*; l'un interne, l'autre externe, reffemblant tous les deux à des têtes liffes & unies, au moyen defquelles l'articulation de cet os avec le tibia eft une articulation par charniere.

14°. *La grande échancrure* qui les fépare. Elle eft ordinairement garnie de graiffe, & remplie de quantité de fynovie. Elle donne attache aux ligamens qui s'inſérent à l'extrémité ſupérieure du tibia.

15°. *La cavité*, étant au-deſſus du condyle externe, où s'attachent le muſcle ſublime & une portion des muſcles jumeaux.

16°. *Les empreintes muſculaires*, étant du côté oppoſé, & ſervant d'attache à l'autre portion des jumeaux.

17°. *L'autre cavité*, étant au-deſſous du même condyle à ſa partie antérieure, pour l'attache du muſcle extenſeur antérieur du pied.

La Rotule.

70. L'os qui, gliſſant ſur l'éminence antérieure de l'extrémité du fémur, fait en cet endroit l'office d'une poulie, a été nommé *rotule*.

On en conſidérera :

1°. *La forme* : elle eſt irréguliérement quarrée.

2°. *La ſituation* ſur l'éminence antérieure dont nous avons parlé.

3°. *Les faces* ; l'externe, raboteuſe, donnant attache aux tendons des muſcles extenſeurs de la jambe avant qu'ils parviennent au tibia : l'interne, liſſe & polie.

4°. *Les deux facettes* étant à cette même face, ſéparées par une éminence, & garnies d'un cartilage pour ſon articulation avec le fémur.

Le Tibia.

71. On confidérera dans le tibia qui forme ce qu'on doit appeller proprement *la jambe du cheval* , & ce qu'on a nommé très-improprement *la cuiffe* :

1°. *Un corps* cylindrique , légérement applati à la partie poftérieure. On y voit quantité d'empreintes mufculaires.

2°. *Une extrémité fupérieure,* beaucoup plus volumineufe que le corps , & formant une efpece de tête applatie.

3°. *Les deux facettes* étant à cette tête , & fur lefquelles roulent deux éminences du femur.

4°. *L'éminence* féparant ces facettes , & étant reçue dans l'échancrure qui exifte entre les deux condyles de ce dernier os.

5°. *L'échancrure,* dont cette éminence eft creufée, où s'attachent les ligamens que j'ai dit en venir.

6°. *La petite facette,* étant à la partie latérale externe, pour l'articulation de l'épine ou du péronné.

7°. *La tubérofité,* ou l'éminence inégale & raboteufe, étant à la partie antérieure de cette extrémité, & donnant attache au fort tendon des mufcles extenfeurs de la jambe , après fon paffage fur la rotule.

8°. *La finuofité,* étant à cette même tubérofité.

9°. *L'échancrure,* en forme de gouttiere , étant à la partie externe de cette même tubérofité , &

donnant attache au muſcle fléchiſſeur du canon.

10°. *La foſſe*, dont la partie poſtérieure de cette même extrémité eſt creuſée, & qui contient communément beaucoup de graiſſe. C'eſt là que s'attache auſſi un ligament très-fort, joignant cet os au fémur. Deux cartilages ſemi-lunaires attachés de côté & d'autre à la tête de ce dernier os, ſervent dans cette jonction à former une cavité un peu plus ample pour recevoir les deux condyles.

11°. *L'extrémité inférieure*, préſentant trois éminences.

12°. *L'apophyſe mitoyenne*, étant l'éminence du milieu.

13°. *Les apophyſes condyloïdes*, dont l'une eſt interne, & l'autre externe, étant les éminences latérales.

14°. *Les ſinuoſités* à obſerver aux apophyſes condyloïdes, pour le paſſage des tendons.

15°. *Les deux cavités*, ſéparant ces trois apophyſes, & dans leſquelles les éminences du principal os du jarret ſont reçues ; ce qui conſtitue une articulation par charniere plus parfaite que toutes celles que l'on trouve dans les extrémités du corps de l'animal.

Le Péronné.

72. On doit conſidérer dans le péronné ou dans l'épine du tibia :

1°. *Sa situation*, le long de la partie latérale externe du tibia.

2°. *Le corps*, qui en fait la partie moyenne.

3°. *L'extrémité supérieure*, formant une forte de tête reçue dans la facette de l'extrémité supérieure, & de la portion latérale externe de l'os avec lequel il se joint ; ce qui forme une articulation sans mouvement.

4°. *L'extrémité inférieure*, se terminant par une pointe qui arrive à environ la partie moyenne du tibia.

5°. *La diminution insensible*, à mesure de sa terminaison par la pointe.

Les Os du Jarret.

73. Le jarret est composé de six os qui doivent leur exacte jonction à des ligamens très-forts, & destinés à s'opposer à leur déplacement dans les violens efforts de cette partie. Quoiqu'ils n'aient entr'eux-mêmes que très-peu de mobilité, cette articulation permet à l'animal des mouvemens extrêmement souples. Il est nombre de facettes par lesquelles ils s'unissent, & plusieurs petites cavités dans les intervalles qui les distinguent ; la graisse & l'humeur synoviale dont elles sont remplies, ne contribuent pas peu à adoucir & à lubréfier cette articulation.

La Poulie.

On confidérera dans le premier de ces os nommé *la poulie :*

1°. *Sa forme ,* qui lui a mérité ce nom.

2°. *Son volume ,* plus confidérable que celui des autres.

3°. *Sa partie antérieure ,* étant arrondie.

4°. *Les éminences ,* au nombre de deux , étant à cette même partie.

5°. *La cavité* qui les fépare , & répondant à l'extrémité inférieure du tibia.

6°. *Les facettes ,* étant au nombre de quatre à fa partie poftérieure , & répondant à celles qui font au fecond os du jarret

Le Calcaneum.

74. Le fecond os forme ce que nous appellons *la tête* ou *la pointe du jarret.* Il répond affez par fa fonction & par fa figure , à ce que dans l'homme on nomme *le calcaneum.* Il faut en confidérer :

1°. *La forme,* plus allongée que celle du précédent.

2°. *La tubérofité,* formant fa partie fuperieure , & à laquelle s'attache un fort tendon du mufcle extenfeur du canon.

3°. *Les facettes ,* étant au nombre de quatre à fa partie inférieure , & s'appliquant à celles de l'os de la poulie.

4°. *L'espece d'échancrure*, ou l'enfoncement étant entre ses parties supérieure & inférieure, pour le passage des tendons qui vont s'insérer plus bas.

Les Os plats.

75. Les quatre autres os qui entrent dans la composition du jarret, sont beaucoup plus petits.

On considérera :

1°. *L'applatissement* du troisieme & du quatrieme de ces os.

2°. *Leur jonction* intime & mutuelle.

3°. *L'union* du troisieme avec la poulie.

4°. *L'union* du quatrieme avec la partie supérieure ou la tête du canon.

5°. *La forme* plus irréguliere du cinquieme.

6°. *Sa position* à la partie latérale externe.

7°. *Son union* avec le troisieme & le quatrieme, & avec le calcaneum.

8°. *La jonction* du sixieme avec le troisieme & avec le quatrieme seulement.

Le Canon.

76. Le canon de l'extrémité postérieure ne differe de celui de l'extrémité antérieure, que par un peu plus de longueur. On considérera :

1°. *Son union*, supérieurement avec le quatrieme des os du jarret.

2°.

2°. *Les facettes*, étant à cette même partie supérieure, & répondant au deuxieme & au troisieme des petits os que je viens de décrire.

3°. *La partie inférieure*, articulée avec l'os du pâturon.

77. Ce même os du pâturon, ainsi que tous ceux qui terminent l'extrémité dont il s'agit, étant entiérement semblables aux os que nous avons examinés dans l'extrémité de l'avant-main, nous nous bornons à ce que nous en avons dit, (*page* 81 & *suivantes*), pour ne pas retomber dans des répétitions fastidieuses & inutiles.

RÉCAPITULATION.

78. Nous terminerons cet abrégé par l'énumération des os dont le fquélete du cheval eft compofé.

On doit compter :

1°. Dans *l'avant-main*,

Os du crâne, tant propres que commun. . .	8
Offelets de l'ouïe, quatre de chaque côté. . .	8
Os de la mâchoire antérieure.	13
Dents dans le cheval.	20
Nota. Dans la jument il n'en eft pour l'ordinaire que dix huit.	
Os de la mâchoire poftérieure.	1
Dents dans le cheval.	20
L'os hyoïde.	1

} . . . **71**

Os de l'encolure ou vertebres cervicales. . .	7
Os des extrémités antérieures, vingt-un pour chacune.	42

} . . . **49**

2°. Dans *le corps*,

Vertebres dorfales.	18
Vertebres lombaires.	6
Les côtes, dix-huit de chaque côté.	36
Le fternum.	1

} . . . **61**

3°. Dans *l'arriere-main*,

L'os facrum.	1
Os de la queue.	14
Les iléon.	2
Les ifchion.	2
Les pubis.	2
Les extrémités poftérieures, dix-neuf pour chacune.	38

} . . . **59**

TOTAL. 240

DE LA
SARCOLOGIE.

79. **L**A *Sarcologie* comprend en général toutes les parties molles du corps de l'animal. (Voyez *l'article II de l'Introduction, page* 18.)

Ces parties font diftinguées en *contenantes* & en *contenues*.

Les parties *contenantes* fervent d'enveloppes générales, ou d'enveloppes particulieres aux autres.

Les *contenues* font celles qui font couvertes, revêtues & enveloppées.

Les enveloppes *particulieres* font la plevre, le péritoine, les meninges, &c.

Les enveloppes *générales*, autrement appellées *tégumens communs & univerfels*, s'étendent extérieurement fur tout le corps de l'animal :

Telles font la *peau*, que l'on nomme encore *le cuir* ou *le derme*;

La *furpeau*, qu'on appelle auffi l'*épiderme*;

Les *poils*;

La *graiffe* ou la *membrane cellulaire* ou *adipeufe*.

Telle eft encore l'*expanfion charnue*, qui, adhérant fortement au derme, eft un vrai *pannicule*; quoiqu'elle n'occupe qu'un certain efpace, elle peut

H 2

être regardée comme faifant partie des tégumens.

De la Peau, du Cuir ou du Derme.

8o.   Le *cuir* ou le *derme* forme proprement le corps
de la peau, & n'eft autre chofe que la membrane
confidérable placée le plus près des chairs, & qui
en recouvre exactement la fuperficie.

Il faut en confidérer :

1°. *L'épaiſſeur,* qui eft d'environ deux ou trois
lignes (deux millimètres), mais qui varie felon
les parties que cette membrane revêt. Elle eft plus
forte en effet au dos, aux jambes, à l'encolure qu'au
ventre, aux ars, aux paupieres, aux nafeaux, &c.

2°. *Les connexions,* fupérieurement avec l'épiderme, inférieurement avec le pannicule charnu,
au lieu où il regne, & avec la graiffe ; ces connexions
étant plus lâches dans de certains endroits que dans
d'autres.

3°. *Les trous,* qui font de plufieurs fortes, les
premiers & les plus grands communiquans dans
quelque cavité, comme dans les nafeaux, dans la
bouche, dans les oreilles, dans l'anus, & la peau
n'étant pas réellement perforée dans ces parties,
mais feulement réfléchie; d'autres plus petits étant
les orifices des canaux excréteurs des glandes, qui,
fourniffant en plufieurs endroits une humeur graffe
& épaiffe, font appellées *fébacées ;* d'autres plus

petits encore diftingués par le nom de *pores*, & dont la peau fe trouve criblée, les uns fourniffant un paffage aux poils, les autres étant les orifices des artérioles féreufes, qui fe terminent au niveau du derme, & formant des *pores exhalans*, qui offrent une iffue à la matiere de la tranfpiration ; les autres enfin répondant à des veinules féreufes, & conftituant ce que nous nommons *pores abforbans*.

4°. *La compofition* ou la *fubftance* ; le derme paroiffant être un tiffu de fibres particulieres, membraneufes & blanchâtres, qui ne peuvent être dites tendineufes & nerveufes, qu'à raifon de la reffemblance qu'elles ont avec celles dont les nerfs & les tendons font formés ; ces fibres étant croifées & entrelacées de maniere que le cuir peut s'étendre & prêter autant que le befoin l'exige ; comme, par exemple, dans des emphyfêmes, dans des cas de tumeurs confidérables, dans la circonftance de la plénitude de la cavale, &c., tandis que d'une autre part, la force de contraction ou d'élafticité dont elles font douées, les ramene à leur premier état, dès que la caufe de la dilatation ceffe.

5°. *Les vaiffeaux de toute efpece*, qui occupent les efpaces ou les aréoles que ces fibres irrégulierement croifées laiffent entr'elles.

6°. *Les vaiffeaux nerveux* qui y aboutiffent, ne fe terminant en aucun endroit fixe & limité par

des mammelons particuliers, leurs extrémités se portant & se disperfant irrégulierement dans le corps
du cuir, en forte que nous n'admettrons pas ici une
partie diftincte à laquelle on donne le nom de *corps
mammelonné dans l'homme.*

7°. *Les vaiffeaux fanguins,* admettant le fang
même, & dont la préfence eft conftatée par l'épanchement d'une ou de plufieurs gouttes de fang, enfuite de la plus légere bleffure.

8°. *Les vaiffeaux exhalans ou vaporiferes,* étant
une continuation des vaiffeaux fanguins artériels,
mais aboutiffant & finiffant à la peau, & étant
deftinés à donner paffage à l'humeur fubtile qui
s'échappe en fumée, & qui eft la matiere de la
tranfpiration infenfible, ainfi qu'à l'humeur féreufe
qui conftitue la fueur. Leurs extrémités forment,
ainfi que je l'ai dit, les *pores exhalans.*

9°. *Les vaiffeaux abforbans,* étant des veinules
féreufes, qui font pareillement une fuite des veines
fanguines, leurs extrémités formant ce que j'ai
nommé les *pores abforbans;* c'eft par eux que des
vapeurs nuifibles ou falutaires peuvent pénétrer de
dehors en-dedans, que des corpufcules morbifi-
ques peuvent être, enfuite de l'attouchement immédiat, portés jufques dans la maffe, &c.

10°. *Les vaiffeaux lymphatiques,* étant auffi l'extrémité des tuyaux artériels, mais répondant à de

pareils vaisseaux veineux , chariant & contenant une liqueur dont la portion la plus fine fournit la nourriture à la peau, la plus grossiere rentrant & étant rapportée dans le torrent de la circulation , pour y être de nouveau affinée, & pour acquérir la perfection qui lui est nécessaire.

11°. *Les glandes* dites *febacées*, sensibles à la vue, filtrant un suc visqueux servant de liniment aux parties exposées à des humeurs âcres ou à des froissemens ; ces mêmes glandes étant en grande quantité dans quelques endroits du corps, comme aux ars, entre les fesses, dans l'intérieur des oreilles, du fourreau, &c.

12°. *Les usages ;* la peau servant de couverture à toutes les parties du corps, elle est encore l'émonctoire de toutes les humeurs inutiles ou nuisibles qui doivent être évacuées par la transpiration & par la sueur, & l'organe de ce sens qui, dans l'animal , est borné à ce que nous appellons dans l'homme *attouchement, toucher général*, au moyen & par l'entremise des vaisseaux nerveux qui se répandent & se distribuent dans le tissu de ce tégument.

De la Surpeau ou de l'Epiderme.

81. *L'épiderme* est une pellicule que les poils qui sont à la superficie du corps de l'animal nous dérobent. Il faut en considérer :

H 4

1°. *La situation*, cette cuticule étant immédiatement placée fur la peau; car je ne fuppoferai
point ici un corps muqueux ou réticulaire, que
je n'apperçois réellement que dans la langue du
cheval & du bœuf, & que je ne découvre point
dans le tiffu que j'examine.

2°. *Les connexions*, très-fortes avec le derme,
qu'il fuit dans toute fon étendue; connexions qu'on
ne peut détruire que par le fecours de l'eau bouil-
lante, de la macération, des médicamens épifpaf-
tiques ou du feu; fouvent par les deux premiers
moyens feuls, cette cuticule fe réduifant alors en
une efpece de craffe.

3°. *Les prolongemens* dans l'intérieur, à la faveur
des ouvertures naturelles, telles que celles des nafeaux, de la bouche, &c.

4°. *La fubftance*, qui n'eft autre chofe que l'expanfion des vaiffeaux, particuliérement des féreux;
les extrémités de ces mêmes vaiffeaux unies, épa-
nouies & jointes les unes aux autres, formant, au
moyen de leur prolongement mutuel, la tunique
fine & déliée dont il s'agit; tunique percée d'autant de trous qu'il en eft à la furface du derme.

5°. *L'infenfibilité*, à raifon de l'abfence des nerfs
qui n'entrent point dans fa compofition, & qui fe
bornent tous au derme.

6°. *Les ufages*, qui font de modifier le fens du

toucher général, de préferver le derme des impref-
fions douloureufes qu'il éprouve, lorfque cette pellicule a été enlevée, d'en empêcher le defféchement, &c.

De la Graiffe.

82. *La graiffe* eft encore une enveloppe générale
comprife dans les tégumens communs. On doit
confidérer dans le corps graiffeux proprement dit?

1°. *La membrane* dite *adipeufe*, qui n'eft autre
chofe que ce qu'on nomme *le tiffu cellulaire*. Elle
eft formée de plufieurs feuillets extrêmement déliés, dont les entrelacemens variés & fans ordre
compofent des efpeces de cellules irrégulieres, qui
communiquent toutes entr'elles par des pores qui
font les interftices des fibres de ces feuillets. Cette
communication eft évidente, lorfque par le moyen
d'un foufflet on parvient à gonfler un animal, puifque l'on produit dans toute l'étendue fuperficielle
de fon corps un emphyfême artificiel.

2°. *La matiere graffe & oléagineufe* qui conftitue véritablement la graiffe, & qui eft féparée du
fang par les vaiffeaux dont ces cellules plus ou
moins amples, plus ou moins nombreufes, felon
les différentes parties qu'elles occupent, font parfemées; cette féparation s'opérant comme par
tranfudation par les pores des petites arteres dans
ces mêmes cellules, où cette portion la plus hui-

leufe du fang acquiert un peu plus de confiftance ; & fe diffipe enfin infenfiblement , foit en fortant avec l'humeur de la tranfpiration & de la fueur , foit en rentrant dans la circulation par les pores des veines capillaires fanguines , qui la repompent & qui l'abforbent.

3°. *L'étendue & le trajet*, ce corps fuivant prefque par-tout la peau fous laquelle il eft fitué. Il n'en eft point fous cel'e des paupieres , des oreilles , du membre , & dans tous les endroits où la nature a voulu faire des applatiffemens , & marquer des bornes & des limites. On en trouve dans les inter- ftices de plufieurs mufcles , dans toutes les parties dont les mouvemens font fréquens , aux mufcles de l'œil , autour des articulations. Le crâne n'en con- tient point ; mais dans le thorax le cœur en eft entouré , & l'abdomen eft la cavité qui en contient le plus , l'épiploon , le méfentere , les reins , en étant amplement garnis , & la graiffe étant ici plus folide , & formant ce qu'on appelle *axonge* dans l'animal. Que s'il eft des parties qui en foient totalement privées , d'autres où il en eft peu , & d'autres où on en rencontre beaucoup , ces diffé- rences ne proviennent que de l'abfence du tiffu , & de la plus ou moins grande quantité des cellules , cette humeur ne fe féparant qu'autant qu'elle en rencontre de difpofées à la recevoir.

4°. *Les usages*, qui sont de s'opposer en remplissant les interstices des muscles, au frottement violent qui résulteroit de leurs contractions fortes & réitérées ; de maintenir dans un état de souplesse ceux qui sont exposés à être mus continuellement, comme ceux des yeux & le cœur ; de garantir le globe de la dureté des parois de l'orbite dans lequel il est renfermé ; de modifier sur la superficie du corps où elle se trouve répandue toute impression extérieure ; de réparer toutes les difformités qui accompagnent toujours une extrême maigreur ; de servir dans l'abdomen d'appui, de coussinet aux intestins & aux autres visceres ; de préserver la substance des reins & le bassinet de l'âcreté des sels urineux ; de faciliter par-tout & d'adoucir l'action & la réaction des parties qui glissent & qui se meuvent les unes sur les autres ; de tempérer en rentrant dans la masse l'acrimonie des humeurs, d'en modérer la marche trop violente ; peut-être, de fournir au sang une matiere qui peut lui tenir lieu de nourriture, &c.

Des Poils.

83. Les *poils* sont de petits filets plus ou moins tenus & plus ou moins déliés, dont le corps du cheval est extérieurement revêtu, & qui forment ce qu'on en appelle *la robe*. Il faut en considérer :

1°. *Les différences*, eu égard à leur confiftance, à leur longueur & à leur force : ceux de la queue étant infiniment plus longs & plus gros, & conf-tituant proprement, ainfi que ceux qui font à la partie fupérieure de l'encolure & ceux qui tombent fur le front, ce qu'on nomme *les crins :* ceux qui font au-deffus de la foffe orbitaire, un peu plus forts que les autres poils qui les avoifinent, étant dif-tingués par le nom de *fourcils :* ceux qui bordent la paupiere fupérieure, plus confidérables encore que ces derniers, étant appellés *cils :* ceux qui font épars çà & là près du menton formant la *barbe :* ceux qui garniffent la partie poftérieure du boulet formant le *fanon*, &c. Les poils paroiffant, au fur-plus, plus clairs dans les poulains, & les crins s'y montrant comme des cordes mal filées.

2°. *L'abfence fur certaines parties*, telles que celles de la génération, où l'on ne voit qu'une efpece de duvet ; la circonférence de l'anus, où ce duvet eft moins fenfible ; la circonférence des yeux, des nafeaux & des lèvres dans certains che-vaux, qui, à raifon de cette abfence dans ces der-niers endroits, font dits avoir *du ladre*.

3°. *La couleur.* (Voyez ce qui a été dit à ce fujet dans le *Traité de la conformation extérieure du cheval, premiere partie, page 147 & fuivantes, quatrieme édition.*)

4°. *La racine*, qui eft dans le corps graiffeux,
& que l'on diftingue par de petites éminences
ovalaires que nous appellons *bulbes* ou *oignons*.
Elle eft vafculeufe, comme la racine des plumes
des oifeaux.

5°. *Les bulbes* ou *oignons*, adhérant immédiatement à la racine du poil & à la peau, & renfermés dans des corpufcules ovales & blanchâtres,
femblables à de petites veffies formées par une
membrane affez épaiffe, eu égard à leur volume,
& pleine d'un fuc vifqueux approchant de la nature du fang ; chaque veffie recevant des vaiffeaux
qui y dépofent ce fuc, lequel eft proprement la
matiere nourriciere des poils.

- 6°. *La fortie* par l'extrémité la plus petite de
ces efpeces de glandes ; ils percent le tiffu de la
peau & l'épiderme, & s'étendent plus ou moins
en longueur, felon la quantité plus ou moins confidérable de l'humeur qui doit fournir à leur entretien & à leur accroiffement.

7°. *La forme*, la partie qui eft hors de la peau
paroiffant ronde, & le microfcope nous la faifant
au furplus voir diaphane.

8°. *Les ufages*, étant les mêmes que ceux que
l'on attribue à l'épiderme. Ils défendent encore
l'animal des injures du tems, & lui fervent d'or-
nement & de parure.

Du Pannicule charnu.

84. Nous appellerons de ce nom la partie forte, musculeuse & aponévrotique que l'on découvre lorque l'on a enlevé la peau dans toute l'étendue de l'abdomen & du thorax. On en considérera :

1°. *L'adhérence*, au derme par des fibres charnues & nombre de vaisseaux.

2°. *L'expansion*, depuis le bord antérieur de l'omoplate jusqu'au grasset.

3°. *Les attaches*, ayant lieu,

Antérieurement, par deux portions; l'une aponévrotique suivant le grand pectoral, & se portant le long de la face interne du bras jusqu'à la partie supérieure & interne de l'humerus, où elle se termine : la seconde charnue, se portant le long de la face externe des muscles de l'épaule & du bras, & s'arrêtant à la partie supérieure du cubitus.

Postérieurement, à la partie antérieure du grasset par une portion aponévrotique & pyramidale, qui se confond avec le *fascia-lata*, l'expansion charnue se portant du cubitus ou de devant en arriere, recouvrant la face externe des côtes & une partie du grand pectoral, diminuant de largeur & dégénérant ou changeant ainsi, lorsque, dans ce retour ou ce trajet, elle est parvenue à la derniere fausse côte.

Supérieurement, par une légere aponévrose à tou-tes les apophyfes épineufes des vertebres dorfales.

Inférieurement, à toute l'étendue du mufcle grand oblique de l'abdomen par un fort tiffu cellulaire.

4°. *Les ufages :* fon étroite adhérence avec la peau faifant aifément comprendre, que c'eft par le moyen de cette efpece de mufcle que s'opérent les rides & les divers treffaillemens du tégument, lorfque l'animal expofé aux attaques des infeftes, ou des corps quelconques qui le fatiguent & l'in-commodent, fait effort pour s'y fouftraire, & cherche à s'en délivrer.

PRÉCIS MYOLOGIQUE,

OU

TRAITÉ ABRÉGÉ

DES MUSCLES.

DES MUSCLES DU CHEVAL,

Confidérés en général.

85. La *Myologie* donne la connoiffance des mufcles : elle inftruit de leur compofition, de leur
origine, de leur infertion, de leur fituation, de
leur action & de leurs ufages.

86. On appelle du nom de *mufcles*, les organes par
le moyen defquels les divers mouvemens du corps
de l'animal s'opérent & s'exécutent.

87. Quelle que foit la divifion que nous avons faite
de leurs parties en moyenne & en charnue (XVI),
en extrémités tendineufes & aponévrotiques, le
nombre de ceux que l'on découvre dans le cheval
offre des différences fenfibles.

1°. Les uns n'ont à leur extrémité, ni tendons,
ni aponévrofes apparentes : ils s'attachent & fe
terminent fimplement par quelques petits filets

blanchâtres,

blanchâtres, légerement tendineux, & qui gardent le même ordre & la même figure que le corps ou la portion moyenne.

2°. Les autres ont un tendon à une de leurs extrémités, & une aponévrofe à l'autre.

3°. Ceux-ci font munis de deux portions charnues, entre lefquelles on apperçoit un tendon.

4°. Dans d'autres enfin, ces portions charnues multipliées forment autant de têtes qui fe terminent par un feul & unique tendon.

88. Leurs dénominations diverfes fe tirent :

1°. De leur compofition ; ainfi ceux qui font formés de deux portions charnues & d'un feul tendon dans le milieu, font nommés *digaftriques* ; ainfi ceux qui ont plufieurs portions charnues formant autant de têtes, & qui n'ont qu'un tendon, font appellés *biceps, triceps*.

2°. De leur figure : ainfi celui qui repréfentera un grand quarré inégal & irrégulier, fera défigné par le nom de *trapéfe* ; celui qui fera obliquement quarré, par le nom de *rhomboïde* ; celui qui aura des dentelures, par le nom de *dentelé* ; ceux dont la forme fera pyramidale, par le nom de *mufcles pyriformes* ou *pyramidaux* ; ceux dans lefquels elle fera ronde & quarrée, par le nom de ces figures, &c.

3°. De la direction de leurs fibres : c'eft pour

Tome I.   I

cela que nous nommons tels muscles, *muscles droits, obliques, transverses, orbiculaires*, & que nous appellons *penniformes*, ceux dont les fibres étant parallelement rangées le long du tendon mitoyen, font l'effet de la barbe d'une plume.

4°. De leur volume : ainsi il en est de *grands*, de *petits* & de *moyens*, de *vastes*, de *grêles*, &c.

5°. De leur situation : ils sont donc ou *antérieurs* ou *postérieurs*, ou *supérieurs* ou *inférieurs*, ou *droits* ou *gauches*, ou *latéraux*, *dorsaux*, *postépineux*, *antépineux*, &c.

6°. De leurs attaches : aussi donne-t-on à quelques-uns les noms de *mylo-hyoïdien*, *géni-hyoïdien*, *hyoïdien*, *sterno - hyoïdien* ; *sterno - tyroïdien*, &c.

7°. Enfin de leurs usages : aussi en est-il qu'on indique par les noms de *releveurs*, *d'abaisseurs*, *d'abducteurs*, *d'adducteurs*, *d'extenseurs*, de *fléchisseurs*, *d'accélérateurs*, *d'érecteurs*, &c.

89. Les muscles sont encore divisés en muscles *pleins*, en muscles *creux*, en muscles *simples* & en muscles *composés*.

Les muscles *pleins* sont ceux qui n'ont aucune cavité ; le nombre en est infiniment plus considédérable que celui des muscles *creux*.

Les muscles *creux* sont tous ceux qui sont caves, comme le cœur, l'estomac, les intestins, la vessie.

Les muscles *simples* sont ceux dont les fibres gardent & suivent une même direction d'une extrémité à l'autre, & dans lesquels on ne remarque qu'un seul corps.

Les muscles *composés* présentent ou plusieurs portions charnues, ou plusieurs tendons à quelqu'une de leurs extrémités, ou une disposition différente de fibres dans un seul & même corps, comme, par exemple, dans quelques-uns de ceux de l'encolure & du dos, où l'arrangement des fibres est à sens & à contre sens.

90. Les attaches des muscles sont ou entiérement aux os, ou seulement aux os d'un côté, & de l'autre à quelques parties molles; où ils n'ont aucune connexion avec les unes & avec les autres de ces parties.

91. Leurs usages varient selon ces diverses attaches.

Il est constant que la portion charnue du muscle est la seule qui soit susceptible de contraction ou de raccourcissement, d'extension ou de relâchement.

Il n'est pas moins certain que la portion tendineuse est de nature à résister aux efforts que l'on feroit pour l'allonger.

Or si la portion charnue seule se contracte & se raccourcit, il faut nécessairement que les deux points où s'attache le muscle, s'approchent l'un de l'autre; que si l'un de ces points présente moins de réſiſtance, il ſoit emporté , & que par une ſuite naturelle la partie où ce point eſt fixé ſoit mue.

Il faut donc conclure :

1°. Que tous les muſcles qui par leurs deux extrémités ſont attachés aux os, peuvent les mouvoir réciproquement l'un ſur l'autre, ſelon que l'un ou l'autre de ces os eſt plus ſtable, plus fixe, ſoit en conſéquence de leur attitude, ſoit en conſéquence de la coopération de quelques autres muſcles, ſoit enfin attendu leur plus grande diſpoſition naturelle à être mus.

2°. Que dans tous les muſcles dont la connexion n'a lieu avec les os que d'un ſeul côté, la partie molle à laquelle ils ſont attachés de l'autre part, c'eſt-à-dire, par l'autre extrémité, ne peut jamais ſervir de point fixe ; & c'eſt ainſi que la détermination des effets des muſcles des oreilles, des levres, &c. ne change jamais.

3°. Qu'à l'égard de ceux qui n'ont aucune attache à des parties immobiles, comme le ſphincter, le cœur, &c. la direction orbiculaire de leurs fibres fait qu'ils ſe ſuffiſent à eux-mêmes, & qu'ils peuvent agir ſans avoir d'autre point d'appui que celui que les fibres trouvent les unes dans les autres, tandis que la réſiſtance réſide dans le milieu.

92. Il importe encore de conſidérer dans le jeu des membres des animaux, comme dans celui des

membres de l'homme, trois diverſes eſpeces de mouvemens, c'eſt-à-dire, des mouvemens ſimples, des mouvemens compoſés, enfin un mouvement tonique.

Mais il ne ſuffit pas pour examiner ces actions diverſes, de connoître la ſituation, les véritables inſertions des muſcles, & d'en faire jouer les tendons dans les cadavres ; il faut ſaiſir le concours des cauſes au moyen deſquelles chacune d'elles eſt opérée.

Les mouvemens ſimples ont lieu par des muſcles qui ſont les *principaux moteurs*, tous les autres entrant auſſi proportionnellement en contraction, ceux-ci, comme *directeurs du mouvement*, ceux-là pour le *contrebalancer*: ainſi, au moment où l'animal fléchit la jambe, les muſcles *extenſeurs*, qui ſont les *antagoniſtes des fléchiſſeurs*, puiſqu'ils ſollicitent une action contraire, *contrebalancent* celle de ces derniers, tandis que les *adducteurs* & les *abducteurs* de cette même partie, pareillement contractés, en *dirigent le mouvement*. Du reſte, il eſt aiſé, pour peu qu'on réfléchiſſe ſur la tendance naturelle des muſcles à ſe contracter, de comprendre la néceſſité de cette coopération, ainſi que la néceſ- ſité des *antagoniſtes :* tous les muſcles en ont, ſans excepter même ceux qui ſont impairs, car le cœur a pour antagoniſtes ſes oreillettes.

Dans les *mouvemens composés* ou de circum-
duction, comme dans ceux où l'aminal *chevale* ou
se porte de côté, les muscles ne se contractent
que successivement les uns après les autres.

Enfin, dans les circonstances de la roideur, de
la fixité, de l'immobilité de la partie, de cet état,
en un mot, qu'on a désigné par le nom de *mouvement tonique*, tous les muscles sont dans une
égale contraction, c'est-à-dire, que les forces con-
traires des *antagonistes* étant en même raison &
degré, la partie se trouve arrêtée entre tous les
mouvemens dont elle est susceptible.

93. Les uns & les autres de ces mouvemens, à
l'exception du dernier, qui est purement passif,
forment ce que nous appellons *mouvement animal &
volontaire*, mouvement que l'animal fait & exécute
en conséquence d'une volonté libre & déterminée,
soit par des besoins divers, soit par les objets différens dont son instinct peut être frappé.

Le mouvement du cœur, des intestins, de l'estomac, &c. &c. ne dépend en aucune maniere
de l'instinct & de la volonté de l'animal, puisqu'il
ne peut de lui-même & à son gré suspendre en
lui la circulation, s'opposer à la digestion & à
l'élaboration des alimens qu'il a pris, les empêcher d'enfiler la route des intestins, arrêter enfin
le mouvement péristaltique de ces derniers vis-

ceres : auffi tous ces mouvemens ont-ils été appellés *mouvemens involontaires & naturels*.

En ce qui concerne ce qu'on a nommé *mouvement
mixte*, nous dirons que celui-ci eft en partie volontaire
& en partie involontaire : tel eft le mouvement de
la refpiration , que l'animal n'a la liberté d'inter-
rompre & d'augmenter que pour quelques inftans.

94. Tous les mufcles font effentiellement compofés
de fibres fimples , parfemées & entourées de filets
nerveux, & d'une quantité confidérable de vaiffeaux fanguins & lymphatiques. Ces fibres, appellées
en général *fibres motrices* ou *mouvantes*, font, à
l'endroit du corps ou de la portion charnue du mufcle, beaucoup plus groffes, beaucoup plus molles,
beaucoup moins près les unes des autres que dans
le tendon, où elles font infiniment plus déliées,
plus fermes, & tellement ferrées , que le tendon eft
infiniment plus petit que la portion moyenne, quoiqu'elles y foient en même quantité.

Dans tous les mufcles cependant les fibres ne
deviennent pas toutes tendineufes ou aponévrotiques au même endroit : dans les uns, ce changement s'obferve, premierement dans le milieu
& fucceffivement dans les côtés : dans d'autres
au contraire les fibres extérieures commencent à
fe refferrer, tandis que celles du milieu font charnues dans une plus grande étendue.

Quant aux nerfs qui y aboutiſſent, ils s'y diviſent de maniere que dépouillés de la membrane qui les enveloppoit, ils ſe répandent & ſe perdent dans leur ſubſtance ; car leurs dernieres ramifications ſe dérobent bientôt aux recherches de nos mains & de nos yeux.

En ce qui concerne les vaiſſeaux ſanguins qui s'y ramifient, ils ſont autour de toutes ces fibres extrêmement déliés, & ſi nombreux, que tout le muſcle ne paroît être que vaiſſeaux.

95. Une enveloppe membraneuſe particuliere & propre à chaque muſcle, & qui n'eſt autre choſe qu'un tiſſu cellulaire, revêt cet aſſemblage de fibres & de vaiſſeaux de toute eſpece. Ce tiſſu ſe plonge dans les intervalles qui ſont ent'elles, de maniere qu'il ſépare chacune d'elles en particulier. Il communique d'un muſcle à l'autre par une continuation mutuelle & réciproque. Il eſt au ſurplus le ſiége de la graiſſe que l'on trouve dans les eſpaces qui ſont entr'eux, & qui en marquent les *interſections*.

96. La force des muſcles dépend en général de la direction, de la multitude, de la pluralité, de la longueur, de la dureté, de l'élaſticité naturelle de leurs fibres motrices, comme de leur propre ſituation. Elle réſulte en même-temps, dans le cheval, de leur communication intime les uns avec

les autres, de leur entrelacement fréquent, ainsi que des gaînes membraneufes & aponévrotiques infiniment plus multipliées dans l'animal que dans l'homme, qui en refferrant, pour ainfi dire, les fibres, rendent les mufcles beaucoup plus compacts.

97. Il eft évident que toutes les parties fe meuvent par des mufcles, & que l'action de ces inftrumens, quant aux membres de l'animal, confifte à tirer, en fe racourciffant, les parties folides auxquelles ils s'inferent, de maniere que leurs extrémités fe rapprochent, & que la partie la plus mobile, ou celle dans laquelle la réfiftance eft moindre, cede à celle dont la force furpaffe cette réfiftance: mais entreprendre d'expliquer la forme & les autres difpofitions méchaniques des fibres motrices au moment de leur contraction, ainfi que tous les changemens qu'elles éprouvent lors de leur action quelconque, ce feroit vouloir ou accréditer, ou multiplier les erreurs.

98. On ne peut fe difpenfer d'admettre des fibres, des tuyaux nerveux, fanguins & lymphatiques dans la formation des faifceaux mufculeux. Si toute la machine animale, confidérée en général, n'eft en effet qu'un compofé de folides & de fluides, il s'enfuit que chacune de ces parties ne doit fa figure & fon exiftence qu'à un affemblage de canaux qui contiennent & qui charrient fans

ceffe des liquides, & celles qui font fufceptibles de mouvement & de fentiment, font principalement tiffues de ces trois genres de tuyaux.

99. Si ces mêmes tuyaux font la principale fubftance du mufcle, il eft inconteftable qu'il doit être perpétuellement abreuvé par le fang & par les efprits ; mais eft-ce le fang, ou les efprits, ou bien le fang & les efprits enfemble qui produifent cette contraction vitale, en conféquence de laquelle l'animal fe meut, & qu'il ne faut confondre ni avec la contraction réfultante de la nature irritable de la fibre mufculaire, ni avec celle qui naît de fon élafticité.

100. Liez une artere ; le mouvement des mufcles dans lefquels le vaiffeau fe portoit fera aboli ou confidérablement diminué , quoique le nerf foit dans fa parfaite intégrité. Or fi l'interception du fluide circulant dans le canal artériel, & qui enfuite de la ligature ne peut plus parvenir dans ces mufcles, en diminue ou en abolit l'action, il paroîtroit que cette action feroit due à la préfence ou à l'influx de ce même fluide : cependant la pâleur du mufcle dans fa fyftole, pâleur qui ne peut provenir que de la moindre abondance du fang dans l'inftant précis de la contraction, & la diminution du volume de ce même mufcle au moment de fon effort, prouveroit que ce n'eft

point à l'augmentation & à l'accélération de ce fluide, que le raccourciſſement dont il s'agit doit être rapporté.

101. Il ſeroit dangereux de ſe fonder en pareille matiere ſur des faits & ſur des obſervations avouées par les uns & contredites par les autres : tâchons de réſoudre par des principes généralement adoptés la queſtion que nous agitons ; non-ſeulement nous en ferons plus intelligibles à nos éleves, mais nous leur apprendrons à ne pas ſyſtématiſer, à recourir aux vérités connues pour en déduire quelques lumieres ſur celles qui ne le ſont pas, ou qui demeurent enveloppées d'une infinité de nuages ; enfin à fuir des écarts trop fréquens & trop funeſtes dans la médecine des hommes.

102. Perſonne n'ignore 1°. que la circulation ne peut être accélérée, & la quantité du ſang augmentée, dans une partie, au gré de l'animal : or la quantité & la marche du ſang ne pouvant être augmentées à raiſon de la volonté ou de l'inſtinct dans le membre à mouvoir, & le mouvement de ce même membre étant un acte ſubit de ce même inſtinct & de cette même volonté, il eſt conſtant qu'il ne ſauroit être occaſionné par l'abord impétueux & par la plus grande abondance de ce fluide.

2°. Il eſt également porté du cœur par les ar

teres dans tous les mufcles ; or fon influx ne peut le faire regarder comme la caufe ftricte du mouvement, parce qu'alors il ne feroit pas poffible de comprendre comment un feul membre feroit mû, & comment les autres ne le feroient pas en même-temps.

3°. Nul changement dans le pouls, lors-de la contraction de tels ou tels mufcles.

4°. La célérité, la vîteffe, la promptitude extrême de l'action variée des membres prouvent que cette action ne peut dépendre que de la forte application d'un corps très-fluide & très-fubtil au-dedans du mufcle : or toutes ces conditions indifpenfables ne fe rencontrent point au dégré proportionné & requis dans la liqueur artérielle.

103. Pourquoi donc l'affaiffement du mufcle eft - il une fuite de la ligature de l'artere? D'où viennent la diminution, l'abolition du mouvement de la partie, malgré l'intégrité du nerf? La raifon de ce phénomene eft infiniment fimple. Une partie ne peut être mue, qu'autant qu'elle eft dans fon état naturel & qu'elle jouit de la vie, & elle n'en jouit qu'autant que la circulation s'y exécute : or dès que l'action des vaiffeaux, ces forces mouvantes qui doivent porter le fang néceffaire à fon entretien & à fa nourriture, fe trouvera empêchée, la vie de cette même partie s'éteindra, puifque

le principe en fera détruit, & conféquemment les opérations du membre cefferont. Si elles languiffent, s'il s'affoiblit feulement, ce n'eft que parce que le fang dans fa marche ne rencontrera pas un obftacle entier & complet, & qu'il y parviendra encore, mais en petite quantité, par des ramifications colla-térales : ainfi la ligature de l'artere peut donner lieu à la diminution ou à l'abolition du mouvement, fans qu'on doive en conclure que l'augmentation de ce même mouvement foit effectuée par l'influx du fang, qui certainement n'eft pas plus ici une caufe efficiente, que l'humeur cryftalline relati-vement au fens de la vue ; cependant l'apaiffif-fement & l'opacité de cette humeur conduiront à la cécité, & il ne s'enfuivra pas qu'on doive la déclarer l'organe de la vifion.

104. Les effets de la ligature des nerfs qui fe pro-pagent dans les mufcles de la partie à laquelle tout mouvement fera rendu par la ceffation de l'interception du fang qui devoit s'y porter, & dont on a fufpendu le cours, font la paralyfie du membre & fon entiere immobilité : mais fi du défaut d'action produit par la ligature de l'artere, je ne peux tirer la preuve de la contraction muf-culaire par l'influx du fang artériel, il ne m'eft pas plus permis d'en affurer les caufes fur l'in-flux du fuc nerveux, qui, dans cette circonftance,

peut auffi n'être confidéré que comme un agent indifpenfable de la vie de la partie ; car il y concourt conjointement avec le fang ; & un de ces deux mobiles enlevé, cette partie doit néceffairement périr.

105. Comment donc parvenir à la découverte de la vérité que nous cherchons, & remonter au principe certain, non de l'action fpontanée des mufcles, action indépendante de la volonté de l'animal, & qui fubfifte par le cours régulier, par la préfence, par l'abord continuel & non interrompu du fang & des efprits, mais de leur contraction & des mouvemens en tous fens des membres quelconques.

Tous mes doutes fe diffipent par la réflexion fuivante, à laquelle je reviens toujours.

A peine l'animal veut-il étendre ou fléchir la jambe, qu'elle obéit fur-le-champ, & qu'elle eft étendue ou fléchie. D'où procede la viteffe de cette détermination, qui fe fait fentir prefque dans le même moment à la partie qu'il veut mouvoir, fi ce n'eft d'un liquide prodigieufement mobile ? Et quels font les fucs les plus mobiles qui fe rencontrent dans la machine animale, fi ce ne font les efprits animaux qui, après avoir paffé par divers degrés fucceffifs d'atténuation, ont enfin acquis la plus grande fubtilité ?

106. Il faut donc néceffairement conclure :

1°. Que le suc nerveux & le sang présens dans une partie, la maintiennent dans son état naturel.

2°. Que la souftraction totale de l'une ou de l'autre de ces liqueurs en opérera la ruine.

3°. Que dès que la volonté ou aucune cause externe ne follicite l'action d'un membre quelconque, tous les vaiffeaux qui se diftribuent & qui se portent dans les mufcles, soit fléchiffeurs, soit extenfeurs de la partie, font également pleins par les efprits & par le sang, en sorte que ces mêmes mufcles font dans un parfait équilibre.

4°. Que la moindre addition, comme la moindre souftraction, augmentant néceffairement l'action des uns & des autres, rompront l'équilibre de leur puiffance, si néanmoins cette addition ou cette souftraction n'a lieu que dans l'un d'eux : ainfi, par exemple, la souftraction faite dans l'extenfeur seulement, le fléchiffeur l'emportera ; ou l'addition faite dans celui-ci, l'extenfeur ne pourra que céder, attendu la ceffation de l'égalité des réfiftances.

5°. Que l'addition ou l'augmentation qui provoquent les mouvemens, & qui en font la caufe efficiente, ne peuvent être que de la liqueur contenue dans les nerfs, & que conféquemment un influx plus ou moins abondant du suc nerveux, eft le principe unique du racourciffement ou de la fyftole des mufcles.

6°. Que lors d'une moindre quantité d'efprits animaux dans celui qui fléchit le membre, comme dans celui qui l'étend, les proportions étant toujours obfervées, ainfi qu'on le voit dans le marafme & dans la vieilleffe, ce même membre en agira avec moins de force, mais l'équilibre ne fubfiftera pas moins.

7°. Que cet équilibre, confervé dans le cas d'une addition confidérable, produira cette convulfion, ce mouvement tonique que nous nommons dans l'homme le *tetanos*, & le *mal de cerf* dans l'animal.

Tels font les points auxquels nous invitons les éleves à s'arrêter. Entreprendre de pouffer les recherches au-delà, ce feroit une tentative d'autant plus téméraire, que la nature s'eft, à cet égard, conftamment refufée à des génies qu'elle fembloit avoir néanmoins pourvus & doués de la faculté de découvrir fes opérations les plus fecrettes.

PRÉCIS

PRÉCIS MYOLOGIQUE.

DES MUSCLES DU CHEVAL,
CONSIDÉRÉS EN PARTICULIER.

MUSCLES DE L'AVANT-MAIN.
DES MUSCLES DE LA TÊTE.

*Des Muscles servant aux mouvemens des parties
particulieres qui en dépendent.*

Des Muscles de l'Oreille externe.

107. **N**ous comptons six muscles pour l'exécution
des différens mouvemens de l'oreille externe : nous
les désignons par les noms de *premier*, *second*,
troisieme, *quatrieme*, *cinquieme* & *sixieme*.

108.   On remarquera dans le *premier* proprement dit,
& qui est le plus considérable :

1°. *Sa position*, sur toute la partie supérieure du
crâne.

2°. *Son union* & *sa jonction* avec celui du côté
opposé.

Tome I. K

3°. *Son attache fixe* à la crête de l'occipital, à la crête du pariétal & au frontal.

4°. *Les six portions séparées* par lesquelles il se termine, ayant chacune une direction différente, & résultant de la réunion de ses fibres du côté de l'oreille.

5°. *Ses usages,* ce muscle par sa situation faisant la fonction des muscles frontaux, & pouvant, en agissant entiérement, tirer l'oreille en-dedans, c'est-à-dire, la rapprocher près de l'autre, & la porter aussi en avant & en arriere, suivant le degré d'action de ses portions antérieures ou postérieures.

109. Il faut considérer dans le muscle *second* :

1°. *Sa position,* au-dessous du premier.

2°. *Son attache,* à la crête de l'occipital.

3°. *Sa terminaison,* à la partie la plus haute de la bâse de l'oreille.

4°. *Ses usages,* qui sont de rapprocher les oreilles l'une de l'autre, en agissant avec le premier.

110. On considérera dans le muscle *troisieme* :

1°. *Sa jonction,* avec la partie postérieure du premier.

2°. *Sa composition :* il ne naît d'aucunes parties solides, & ne présente qu'un plan de fibres de la longueur de quatre ou cinq travers de doigt (un décimètre), & de la largeur d'environ un pouce (trois centimètres).

3°. *Son adhérence*, aux muscles de la tête & au ligament cervical.

4°. *Les deux attaches*, par lesquelles il se termine à la partie postérieure de la bâse de l'oreille.

5°. *Ses usages*. Il tire l'oreille en arriere.

111. On remarquera dans le muscle *quatrieme* :

1°. *Sa situation*, au-dessous du troisieme.

2°. *Sa structure*, qui est à-peu-près la même.

3°. *Ses attaches*, qui occupent aussi une portion plus basse de la bâse de l'oreille.

4°. *Ses usages* : il tire l'oreille en bas, ou plutôt en-dehors.

112. Dans le *cinquieme muscle* on remarquera :

1°. *Son trajet*, le long de la glande parotide, dénommée jusqu'à présent par les maréchaux *avive*.

2°. *Son attache* à cette glande, par un simple tissu cellulaire.

3°. *Son volume*, plus considérable à la partie supérieure, au moyen de la portion qui s'y unit.

4°. *L'attache* par laquelle il se termine à la partie antérieure de la bâse de l'oreille.

5°. *Ses usages*, qui sont de tirer l'oreille en-devant & en-dehors.

113. Il faut observer dans le *muscle sixieme* :

1°. *Son attache*, à la partie interne du cartilage qui est à la portion antérieure de la bâse de l'oreille.

2°. *Son trajet* de devant en arriere par-deſſous cette bâſe.

3°. *Sa terminaiſon* à la partie poſtérieure & inférieure de cette même bâſe.

4°. *Ses uſages;* il tire, de concert avec le muſcle ſecond, l'oreille en arriere.

Nota. Si tous ces muſcles exercent enſemble & conjointement leur action, ils maintiendront l'oreille droite ainſi qu'elle l'eſt, lorſque l'animal étonné de quelque bruit y prête attention, & ſemble vouloir l'écouter.

Il eſt au ſurplus une infinité de petites portions charnues qui me paroiſſent plutôt des linéamens muſculeux, que de vrais muſcles, & qui ſemblent deſtinés néanmoins à dilater & à reſſerrer la conque; mais le mouvement n'en eſt pas aſſez manifeſte pour craindre le reproche de n'en avoir fait ici qu'une légere mention.

Des muſcles de l'Oreille interne.

114. *Les muſcles de l'oreille interne* ſont au nombre de quatre; trois pour l'oſſelet appellé *le marteau*, & un ſeul pour l'oſſelet appellé *l'étrier;* leur petiteſſe, leur exilité ordinaire, en rendent le plus ſouvent la découverte très-difficile.

115. On conſidérera dans *le premier muſcle du marteau*, ou dans le *muſcle externe :*

1°. *Son attache fixe*, à la partie fupérieure du méat offeux.

2°. *Son attache mobile*, au col de l'os dont il s'agit.

3°. *Le principe*, qui en eft charnu.

4°. *La fin*, qui en eft tendineufe.

5°. *Son trajet*, fous la membrane garnie des cryptes d'où fuintent les fucs cérumineux.

6°. *Le trajet de fon tendon*, qui fe porte au haut de la membrane du tambour.

7°. *Ses ufages*: il tire le marteau & la membrane à laquelle cet offelet eft appliqué du côté du méat, & de fon action réfulte l'applaniffement & le relâchement du tympan. Ainfi lorfqu'il agit feul, il difpofe cette membrane d'une part, en en diminuant la tenfion, à des vibrations plus lentes, & à fe mettre relativement à ces vibrations, à l'uniffon des fons graves que les vibrations foudaines de cette même membrane trop tendue n'auroient jamais pu rendre & tranfmettre tels, & à augmenter de l'autre, en la remettant dans un plan droit, la cavité de la caiffe; ce qui ne peut que favorifer l'entrée & l'admiffion de l'air qui s'infinue & qui parvient dans cette cavité par la trompe d'Euftache.

116. On obfervera dans le *mufcle fecond* ou *fémi-circulaire*:

K 3

1°. *Son attache*, à la paroi extérieure de la trompe d'Euſtache, à laquelle il eſt collé.

2°. *Son autre attache*, à l'apophyſe notable, mais fine & déliée du col du marteau.

3°. *Ses uſages* ; il attire en-dedans, lors de ſa contraction, & l'oſſelet & la membrane ; il en augmente par conſéquent la convexité ; & ſa convexité ne pouvant être augmentée que ſes fibrilles ne ſoient plus tendues, elle devient capable de vibrations plus promptes & plus rapides, & ſe trouve par-là en raiſon harmonique avec les ſons aigus.

117. Dans le *muſcle troiſieme* ou *interne*, on obſervera :

1°. *Sa ſituation*, le long de la paroi interne du canal d'Euſtache.

2°. *Son attache*, au-deſſus de l'apophyſe dont je viens de parler.

3°. *Ses uſages* : il produit les mêmes effets que le précédent, & ces deux muſcles s'uniſſant dans leur action, cooperent de maniere que le tympan peut être mû & frémir, ſuivant une multitude infinie de déterminations.

118. *Le muſcle de l'étrier*, eſt aſſez conſidérable.

On en obſervera :

1°. *La naiſſance*, dans le canal de l'os pétreux, preſque dans le fond du tympan.

2°. *Le tendon grêle*, que l'on apperçoit dans la caiſſe.

3°. *L'attache de ce tendon*, à la tête de l'offelet, du côté de fa plus groffe branche.

4°. *L'ufage*, qui eft affez obfcur. Il paroît néanmoins que pouvant élever la partie antérieure de la bâfe de ce petit os, il a la faculté d'étendre la membrane qui ferme la fenêtre ovale.

Des Mufcles des Paupieres.

119. L'exécution des mouvemens des paupieres eft due à deux mufcles, dont l'un eft commun aux deux paupieres, & l'autre propre à la paupiere fupérieure.

120. On confidérera dans le *mufcle orbiculaire*, c'eft-à-dire, dans le premier :

1°. *Sa compofition* : il eft formé de fibres qui s'étendent circulairement autour de l'entrée de l'orbite.

2°. *Son attache*, à toute la circonférence & à la face interne de la peau.

3°. *Sa terminaifon*, toutes fes fibres fe réuniffant au grand angle de l'œil, & fe terminant par un tendon très-court à l'apophyfe angulaire.

4°. *Ses ufages*, ce mufcle fermant, lors de fa contraction, l'ouverture des paupieres, & les rapprochant l'une de l'autre, la paupiere inférieure cependant ne faifant alors aucun mouvement fenfible.

121. A l'égard *du mufcle propre à la paupiere fupé-*

rieure, c'eſt-à-dire, *du muſcle releveur de cette même paupiere,* on obſervera :

1°. *Son attache,* au fond de l'orbite.

2°. *Son trajet,* ſur le muſcle releveur de l'œil.

3°. *Sa terminaiſon,* par une expanſion en maniere de patte d'oie à la partie ſupérieure du tarſe.

4°. *Son uſage.* Ce muſcle éloignant de la paupiere inférieure la paupiere ſupérieure qu'il releve, c'eſt de ſon action que dépend principalement le mouvement de celle-ci.

Des Muſcles des Yeux.

122. Les muſcles des yeux ſont au nombre de ſept, non ſeulement dans le cheval, mais dans le plus grand nombre des quadrupedes. On ſait que dans l'homme ils ne ſont qu'au nombre de ſix.

Ces muſcles, dans l'animal dont il s'agit, ſont quatre *droits,* deux *obliques* & un *orbiculaire.*

123. Les quatre muſcles droits reçoivent leur dénomination de leurs uſages. On en doit conſidérer :

1°. *L'origine* & les attaches, dans le fond de la cavité orbitaire.

2°. *Le trajet,* de devant en arriere, trajet dans lequel ils s'écartent les uns des autres.

3°. *La terminaiſon* de chacun ſuivant ſa direction, & leur inſertion à la portion antérieure de la cornée opaque près de la cornée lucide par quatre tendons.

applatis formant une large aponévrofe qui s'étend fur la partie antérieure de l'œil , au-deffous de la conjonctive , à laquelle elle eft auffi adhérente.

4°. *La fituation* de celui qui eft dit *le releveur*, à la partie fupérieure du globe.

5°. *La fituation* de celui qui eft dit *l'abaiffeur*, à la partie inférieure de ce même globe.

6°. *La fituation* de celui qui eft dit *adducteur*, à fa partie latérale interne.

7°. *La fituation* de celui qu'on appelle *abducteur*, à fa partie latérale externe.

8°. *Les ufages ;* ces mufcles , lorfqu'ils agiffent féparément , tirant le globe de l'œil en-haut , en-bas, du côté du grand & du côté du petit angle. Si le releveur concourt avec l'abducteur , ou l'adducteur ou l'abaiffeur avec l'un ou avec l'autre de ceux-ci, l'œil eft tiré obliquement : enfin les quatre mufcles agiffant enfemble , le globe eft tiré vers le fond de l'orbite , & l'œil maintenu dans l'état fixe qui conftitue le mouvement tonique.

124. Des deux *mufcles obliques*, l'un eft appellé *le grand oblique* ou *le trochléateur*. On en obfervera :

1°. *L'attache*, au fond de l'orbite.

2°. *Le trajet*, le long de la paroi interne de cette cavité jufqu'au grand angle.

3°. *La dégénération* en un tendon qui paffe dans un anneau ou une efpece de lentille cartilagineufe , qui fait office de poulie, & que l'on nomme la *trochlée*.

4°. *Le retour*, au moyen duquel il se porte sous le tendon du muscle releveur.

5°. *La terminaison*, à la partie supérieure & antérieure de la cornée opaque.

6°. *Les usages*: ce muscle entrant en contraction, fait tourner l'œil sur son axe ; il le tire en même-temps en devant, & l'incline en bas.

Le second des *obliques* est appellé le *petit oblique*, & par quelques-uns le *muscle très-court*.

On en considérera :

1°. *L'attache* à l'os angulaire, dans la petite fossette qui est près du conduit nasal.

2°. *La marche oblique* vers le petit angle.

3°. *Le passage*, sous le tendon de l'abaisseur.

4°. *La terminaison*, à la partie inférieure & antérieure de la cornée opaque.

5°. *Les usages*, qui font de tourner l'œil sur son axe dans un sens contraire à l'action du grand oblique, de le tirer en même-temps en-devant, & de diriger la pupille en haut ; alors le grand & le petit oblique font antagonistes l'un de l'autre : mais dans leurs mouvemens sympathiques, c'est-à-dire, lorsqu'ils entrent en même-temps en contraction, ils contrebalancent l'action des muscles droits, ils tirent en-devant l'œil que ces muscles tirent dans l'orbite, & le tenant comme fuspendu fur fon axe, ils le foumettent exactement à leur action.

125. On doit obferver dans le *mufcle orbiculaire*, autrement appellé par quelques-uns *le fufpenfeur de l'œil* :

1°. *Son origine*, il naît de la circonférence du trou optique.

2°. *Son trajet :* il accompagne & il embraffe de tout côté le nerf qui porte ce nom.

3°. *Son infertion*, à la partie poftérieure de la cornée opaque, entre celle des mufcles droits & le nerf dont je viens de parler.

4°. *Sa divifion*, en deux, trois ou quatre portions dans certains chevaux, tandis que dans la plupart il ne préfente qu'un feul mufcle ; cette variation fe remarquant au furplus, dans l'œil de plufieurs animaux, comme dans celui du mouton, où la divifion a lieu de même quelquefois en deux, trois & quatre parties, & dans l'œil du chien, où l'on trouve affez fréquemment quatre & cinq petits mufcles au lieu d'un, qui ont chacun des infertions diftinctes fur la fclérotique.

5°. *Ses ufages*, On a penfé qu'ils fe bornoient à foutenir & à fufpendre le globe dans les animaux qui paiffent, & à défendre le nerf optique, qui en eft le pédicule & le foutien, des tiraillemens & de la fatigue qu'il pourroit éprouver, la tête de l'animal étant tenue baffe pendant un certain efpace de temps. D'autres perfonnes fe perfuadant que les quatre mufcles droits agiffant enfemble, peuvent produire en partie le même effet, ont imaginé que ce mufcle contractant uniformément la fclérotique à laquelle il eft attaché, rend ainfi le globe de l'œil plus ou moins fphérique, felon la diftance des objets, tandis que plufieurs autres, vu fa divifion en plufieurs parties charnues, dont les infertions diverfes fe trouvent & fe rencontrent entre celles des mufcles droits, ont cru qu'il eft deftiné à aider & à faciliter l'action de ces mêmes mufcles, felon que fes fibres diverfes agiffent.

Des Mufcles des Levres.

126. Les levres, diftinguées en levre antérieure & en levre poftérieure, foit qu'elles s'écartent, foit qu'elles fe rapprochent l'une de l'autre, foit enfin qu'elles foient portées de divers côtés, exécutent ces diffé-rens mouvemens au moyen de dix-fept mufcles, dont les uns communs aux deux levres, font au nombre de fept, trois de chaque côté, connus fous le nom de *mufcle molaire interne*, de *mufcle molaire externe*, & de *mufcle cutané* : le feptieme, qui forme lui-même les levres, étant appellé *le mufcle orbiculaire* de ces parties.

Les dix autres font propres à chaque levre; il

en eſt cinq de chaque côté, trois particuliers à la levre antérieure, & nommés le *maxillaire*, le *releveur* & le *mitoyen antérieur*, & deux propres à la levre poſtérieure, qui ſont le *releveur propre de cette levre*, & le *mitoyen poſtérieur*.

127.   On obſervera dans le *muſcle orbiculaire*, le plus conſidérable des muſcles communs, & qui eſt impair :

    1°. *Sa compoſition :* il eſt formé de fibres qui s'étendent circulairement autour de la bouche ; & c'eſt à la direction de ces fibres qui compoſent enſemble, ainſi que je l'ait dit, les deux levres, qu'il doit ſa dénomination.

    2°. *Son adhérence*, très-forte à la peau dans toute ſon étendue.

    3°. *Ses attaches*, quoique ce muſcle, par ſa ſtructure, ſemble n'avoir pas beſoin de point fixe pour agir, l'une au cartilage du nez, ayant lieu par un ligament, l'autre ſe faiſant de même à l'endroit de la mâchoire poſtérieure, que nous avons nommée la *ſymphiſe du menton*.

    4°. *Ses uſages*, ce muſcle ſerrant & rapprochant, lors de ſa contraction, les levres l'une de l'autre, & fermant entiérement la bouche.

128.   On doit conſidérer dans le *muſcle molaire externe*, qui peut être comparé à celui qui a le nom du *buccinateur* dans l'homme, & qui d'ailleurs eſt

appellé, ainsi que le muscle suivant, du nom des dents qu'il avoisine :

1°. *Son attache*, à la partie antérieure de l'apophyse coronoïde : elle a lieu par un tendon.

2°. *Son trajet*, de haut en bas, au-dessus du molaire interne, auquel il adhere fortement.

3°. *Son expansion*, dans ce même trajet, & son union avec la membrane interne de la bouche.

4°. *Sa terminaison*, à la commissure des levres, & par des fibres charnues transversales aux parties latérales de l'une & l'autre mâchoire, à l'endroit qui répond aux barres.

On observera dans le *molaire interne* :

1°. *Sa situation*, au-dessous du précédent.

2°. *Ses attaches*, d'une part à l'os maxillaire, & de l'autre à la mâchoire postérieure, près des dents molaires.

3°. *Son trajet*, de haut en bas en s'unissant à la membrane interne de la bouche.

4°. *Sa terminaison*, à la commissure des levres, au-dessous du molaire externe.

Nota. Ces deux muscles contribuent aux mouvemens des levres, en les relevant. Ils aident à la mastication, en ramenant les alimens qui se portent en dehors & qui s'écartent de dessous les dents, après que la langue les y a poussés. Ils tirent encore la membrane qui tapisse la bouche, de maniere qu'ils la garantiſſent de l'accident d'être pincée , lorſque la mâchoire poſtérieure ſe rapproche de l'antérieure.

129. Il ſuffit de conſidérer dans le *muſcle cutané* :

1°. *Sa naiſſance*, de la face externe du muſcle maſſeter par une légere aponévroſe.

2°. *Son attache*, à l'épine zygomatique.

3°. *Son trajet*, au moyen duquel il recouvre le muſcle releveur.

4°. *Les deux portions* par leſquelles il ſe perd quelquefois à la commiſſure des levres.

5°. *Son uſage* : il tire les deux levres de côté, & agiſſant avec ſon ſemblable, il les détermine en haut.

130. Le premier des *muſcles propres à la levre antérieure*, eſt dit *releveur* de cette levre. On remarquera :

1°. *Son attache fixe* au-deſſous de l'orbite, au lieu de la jonction des os angulaire, maxillaire & zygomatique.

2°. *Son trajet*, il deſcend le long des naſeaux,

3°. *Son changement* en un tendon, après un léger eſpace de chemin.

4°. *La jonction* de l'extrémité de ce même tendon avec celle du tendon du côté oppoſé.

5°. *La légere aponévroſe* qui en réſulte, & par laquelle les deux muſcles enſemble ſe terminent au milieu de la levre antérieure.

6°. *Son ufage* : il eft fuffifamment indiqué par le nom même de ce mufcle, que les maréchaux ont coupé jufqu'à préfent, dans l'efpérance de remédier à l'imperfection de la vue, & d'alléger la tête du cheval. Cette opération, qui n'annonce pas beaucoup de lumieres, eft connue en maréchallerie fous le nom de *dénerver*.

131. Le fecond des mufcles propres à la levre dont nous parlons, eft le *mufcle maxillaire*.

On en confidérera :

1°. *L'attache fupérieure*, à l'os maxillaire & à l'os angulaire au-deffus du précédent.

2°. *Le trajet*, de haut en bas.

3°. *La divifion*, de fa partie moyenne en deux portions.

4°. *La terminaifon* de l'une de ces portions à la levre antérieure près la commiffure.

5°. *La terminaifon* de la feconde de ces portions à la partie moyenne de cette même levre, après qu'elle a paffé au-deffous du mufcle pyramidal des nafeaux.

6°. *Les ufages* : il releve la levre antérieure, & peut être regardé dès-lors comme congénere du précédent.

132. Le troifieme des mufcles propres eft le *mitoyen antérieur* : il eft dit *incifif* dans l'homme.

On en envifagera :

1°.

1°. *Les attaches*, au bord alvéolaire, à l'endroit des dents de coin & des mitoyennes.

2°. *La terminaison*, à la levre antérieure.

3°. *Les usages* : il approche cette levre de la postérieure ; il peut encore aider à la dilatation des naseaux.

133. Le premier des muscles propres à la levre postérieure, est dit *releveur* de cette levre, & il est semblable par sa structure au releveur de la levre antérieure. On considérera :

1°. *Son attache fixe*, à la partie latérale externe de la mâchoire postérieure, à l'endroit des dents molaires les plus hautes.

2°. *Le trajet de son tendon*, le long de cette mâchoire, sans contracter d'union, comme le releveur de la levre antérieure, avec celui du côté opposé.

3°. *La terminaison*, il se perd dans la peau du menton.

4°. *Les usages* : ils sont suffisamment indiqués par le nom sous lequel on le désigne.

134. Le second des muscles propres à cette levre est nommé *mitoyen postérieur*. On examinera :

1°. *Ses attaches*, au bord alvéolaire, à l'endroit des dents de coin & des mitoyennes.

2°. *Sa terminaison*, à la levre postérieure, dans laquelle il se perd.

Tome I.   L

3°. *Ses usages*, qui sont tels qu'il la rapproche de l'antérieure, ensorte que lors de la contraction des mitoyens antérieurs, des mitoyens postérieurs & de l'orbiculaire, la bouche se trouve exactement fermée.

Des Muscles des Naseaux.

135. Sept muscles, dont trois pairs & un impair, ont le même usage & la même fonction, relativement aux naseaux : ils en relevent la peau, & en dilatent les orifices.

L'impair est appellé *muscle transversal*, attendu la direction de ses fibres. On en considérera :

1°. *L'attache fixe*, à l'épine du nez.

2°. *Le trajet :* il s'étend transversalement & de chaque côté sur toute la plaque cartilagineuse qui acheve de former les naseaux.

Dans le premier des muscles pairs, nommé *pyramidal*, eu égard à sa figure. On observera :

1°. *Son attache*, par une portion assez grêle, à la partie moyenne & externe de l'os maxillaire au-dessous de son épine.

2°. *Son trajet*, de haut en bas, en s'élargissant & en croisant une portion du maxillaire.

3°. *Sa terminaison*, à toute la circonférence externe des naseaux, depuis le cartilage transversal jusqu'à la portion sémi-lunaire, quelques-unes de ses fibres s'étendant sur l'orbiculaire des levres.

Dans le second des muscles pairs, c'est-à-dire, dans le muscle que nous appellerons *muscle court*, attendu la briéveté de ses fibres. On considérera :

1°. *Son attache*, le long de la partie latérale externe des os du nez près de l'épine.

2°. *L'évanouissement* prompt & subit de ses fibres dans la peau des fausses narines.

Enfin dans le *muscle cutané*, qui est le troisieme & le dernier des muscles pairs. On remarquera :

1°. *Son attache*, à l'échancrure du bord antérieur de l'os maxillaire, qui forme l'entrée des naseaux.

2°. *Son évanouissement* total dans la peau des naseaux & des fausses narines.

Nota. Nous n'appercevons point ici de muscles constricteurs ; il n'est qu'une certaine quantité de fibres & de linéamens charnus qui peuvent opérer le resserrement des naseaux, & qui se distribuent à la peau & à la portion sémi-lunaire du cartilage de ces parties. Ces fibres paroissent même dépendre du muscle orbiculaire des levres.

Des Muscles de la Mâchoire postérieure.

136. La mâchoire postérieure est la seule qui soit mobile. Les mouvemens principaux dont elle est susceptible, l'écartent & la rapprochent de la mâchoire antérieure. Ils sont opérés à l'aide de dix

muſcles, cinq de chaque côté, appellés le *maſſeter*, le *crotaphite*, le *ſphéno-maxillaire*, le *ſtylo-maxillaire* & le *digaſtrique*.

137.   Le *maſſeter* eſt un muſcle fort & applati, dont il faut conſidérer :

1°. *La poſition*. Il occupe la face externe de la portion ſupérieure & la plus large de la mâchoire dont nous parlons, & cache une partie du crotaphite, particuliérement ſon tendon.

2°. *Son attache fixe*, à toute l'épine de l'os maxillaire & à celle du zygomatique.

3°. *Sa terminaiſon*, à la face externe & au bord de la tubéroſité de cette mâchoire.

On conſidérera, eu égard au muſcle *crotaphite*:

1°. *Sa poſition*. Il occupe la cavité que nous nommons les *ſalieres*.

2°. *Son attache*, à toute la circonférence de cette cavité, enſorte qu'il adhere à l'os frontal, au pariétal & à l'occipital.

3°. *La réunion* de toutes ſes fibres en un ſeul & fort tendon enſuite de ces attaches.

4°. *Le trajet* & *le paſſage* de ce même tendon dans la ſinuoſité zygomatique.

5°. *L'attache* du muſcle à l'apophyſe coronoïde par ce tendon qui l'embraſſe.

6°. *L'aponévroſe*, dont ce même muſcle eſt recouvert, & qui n'eſt point dans l'animal, comme on l'a penfé à l'égard de l'homme, une continuation du péricrâne.

En ce qui concerne le *fphéno-maxillaire*, on obfervera :

1°. *Sa pofition*, à la partie interne de la mâchoire.

2°. *Son attache fupérieure*, par des fibres très-fortes à l'apophyfe palatine & aux petites ailes réfultant des deux apophyfes appellées *ptérygoïdes* dans l'homme, ainfi qu'à la ligne faillante qui en eft une continuation.

3°. *Son attache* forte & *fa terminaifon* à toute la face interne de la mâchoire poftérieure, à l'oppofite du maffeter.

Nota. Les ufages de ces trois mufcles confiftent à rapprocher cette mâchoire de l'antérieure. Ils font très-courts & très-charnus. Cette ftruêture étoit convenable à leur fonêtion, car la maftication ne s'opéreroit que très-imparfaitement, fi la mâchoire dans fes mouvemens étoit dépourvue de la force néceffaire pour rompre, triturer & broyer les alimens.

138.   Le mufcle *ftylo-maxillaire* eft le premier & le plus fort des mufcles deftinés à écarter la mâchoire poftérieure de l'antérieure. On obfervera :

1°. *Son attache*, très-forte à toute l'apophyfe ftyloïde de l'os occipital.

L 3

2°. *Sa terminaison*, à la tubérosité de la mâchoire qu'il peut mouvoir.

Le muscle *digastrique* tire son nom de sa structure. (*Voyez* 88). On en considérera :

1°. *L'attache supérieure*, à l'extrémité de l'apophyse styloïde de l'occipital.

2°. *Le trajet* qu'il fait en-gagnant la face interne de la mâchoire, son tendon mitoyen passant dans une ouverture que lui présente le muscle stylo-hyoïdien.

3°. *Sa terminaison*, qui a lieu intérieurement le long de la partie tranchante du bord postérieur de la mâchoire.

Nota. Les usages de ces deux muscles sont de tirer la mâchoire postérieure en arriere. Si tous les muscles d'un même côté seulement agissent ensemble, ils font exécuter à cette partie des mouvemens latéraux nécessaires à la mastication, ou de ces mouvemens désagréables qu'on remarque dans les chevaux qui cherchent à dérober les barres & que nous exprimons en disant que *l'animal fait les forces.*

Des Muscles propres de la Tête, ou qui servent à ses mouvemens.

139. La tête peut être baissée, élevée & portée de côté & d'autre.

Ces divers mouvemens ont leur exécution au moyen de ving-deux muſcles, parmi leſquels la portion du muſcle commun de l'encolure ne ſe trouve pas compriſe. Onze muſcles de chaque côté completent le nombre que nous venons de fixer, dont huit fléchiſſeurs, qui ſont le *ſterno-maxillaire*, le *long*, le *petit* & le *court-fléchiſſeur;* dix extenſeurs, nommés *ſplénius, grand complexus, petit complexus, grand droit* & *petit droit*, & quatre appellés *grand & petit obliques* pour les mouvemens latéraux.

140.   Le muſcle *ſterno-maxillaire* eſt très-long & très-grêle. On en doit obſerver :

1°. *L'attache inférieure*, à la pointe du ſternum.

2°. *Le trajet*, qu'il fait en montant le long de la partie latérale de l'encolure.

3°. *La terminaiſon*, à la tubéroſité de la mâchoire poſtérieure.

4°. *Les uſages*. Ce muſcle, en conſéquence de cette derniere attache, ne pouvant mouvoir la mâchoire ſéparément, mais abaiſſant & fléchiſſant toute la tête en tirant cette même mâchoire.

Il faut conſidérer dans le *long-fléchiſſeur* :

1°. *Son attache*, qui a lieu antérieurement aux apophyſes tranſverſes des troiſieme, quatrieme & cinquieme vertebres cervicales par autant de petits tendons.

L 4

2°. *Son trajet* : il monte par-devant la premiere & la seconde, sans s'y attacher.

3°. *Sa terminaison*, à l'apophyse cunéiforme de l'occipital.

Eu égard au muscle *court-fléchisseur*.

On observera :

1°. *Sa longueur*, qui est beaucoup moindre, puisqu'il ne s'étend que depuis la prémiere vertebre cervicale jusqu'à l'occipital.

2°. *Son attache*, à la partie antérieure du corps de cette premiere vertebre.

3°. *Sa terminaison*, un peu en arriere du précédent.

En ce qui concerne enfin le muscle *petit-fléchisseur*. On remarquera :

1°. *Son attache*, aux parties latérales du corps de la premiere vertebre cervicale.

2°. *Sa terminaison*, à l'apophyse styloïde de l'occipital.

Nota. Les usages de ces trois muscles sont indiqués par leur dénomination.

141. Le muscle *splénius* doit son nom à sa figure, infiniment plus approchante de celle de la rate dans le cheval que dans l'homme.

On en observera :

1°. *Son attache inférieure*, aux apophyses épineuses des seconde, troisieme, quatrieme & cinquieme vertebres dorſales formant le garot, ainſi qu'au ligament cervical.

2°. *Son attache ſupérieure*, aux apophyſes tranſ-verſes des cinq premieres vertebres cervicales, & ſa nouvelle union au ligament cervical.

3°. *Sa terminaiſon*, par une aponévroſe à l'apo-phyſe de la nuque.

4°. *L'union* d'une portion de muſcle dépendante de celui-ci à cette même aponévroſe, avec laquelle elle ſe confond, cette ſeconde portion venant des apophyſes tranſverſes des cinq vertebres cervicales inférieures.

Le grand complexus eſt ainſi appellé à raiſon de pluſieurs plans de fibres qui le rendent aſſez fort. On en conſidérera :

1°. *La poſition* au-deſſous du *ſplénius*.

2°. *Les attaches*, aux apophyſes épineuſes des ſeconde, troiſieme & quatrieme vertebres dorſales, formant le garot, aux ſix premieres apophyſes tranſ-verſes de ces mêmes vertebres, à celles des cinq vertebres cervicales inférieures.

3°. *L'union*, au ligament cervical.

4°. *La terminaiſon*, à l'éminence tranſverſale de l'os occipital.

Il faut remarquer, eu égard au *petit complexus :*

1°. *Sa poſition*, au-deſſous du grand complexus : il eſt couché le long de la partie ſupérieure du ligament cervical.

2°. *Son attache*, à l'apophyse épineuse de la seconde vertebre cervicale.

3°. *Sa terminaison*, à la partie postérieure de l'os occipital.

Le muscle *grand droit* est inférieur au petit complexus. On considérera :

1°. *Son attache*, à la partie supérieure de l'apophyse épineuse de la seconde vertebre cervicale.

2°. *Sa terminaison*, qui a lieu, ainsi que celle du muscle précédent, à la partie postérieure de l'occipital.

On observera dans le muscle *petit droit :*

1°. *Sa position*, directement au-dessous du grand droit.

2° *Son attache*, inférieure à la premiere vertebre & au bord de la cavité articulaire, ensorte qu'il recouvre l'articulation de cette vertebre avec la tête.

3°. *Sa terminaison*, au-dessus des condyles de l'occipital.

Nota. Les usages de ces muscles ont été déja désignés ; ils relevent la tête & l'étendent.

142. Il faut considérer dans le muscle *grand oblique :*

1°. *Sa position*, entre la premiere & la seconde vertebre cervicale.

2°. *Son attache*, à toute l'épine de la seconde.

3°. *Sa terminaison*, à l'éminence transversale de la premiere.

Enfin on remarquera dans le mufcle *petit oblique* :

1°. *Son attache*, à l'apophyfe tranfverfe de la premiere vertebre cervicale.

2°. *Sa terminaifon*, à la partie latérale de l'éminence tranfverfale de l'occipital.

Nota. Les ufages du grand & petit obliques font d'opérer les mouvemens latéraux & fémi-circulaires de la tête. Quoique le premier de ces mufcles ne foit point attaché à cette partie, fa contraction n'en opere pas moins cet effet, parce que les mouvemens dont il s'agit s'exécutent principalement au moyen de la liberté de l'articulation de la premiere vertebre avec la feconde : or ce mufcle faifant tourner cette premiere vertebre, fait par conféquent tourner la tête.

J'ajouterai que ces mouvemens latéraux peuvent auffi avoir lieu par l'action des mufcles extenfeurs, ou par l'action des mufcles fléchiffeurs d'un feul & même côté.

Des Mufcles de l'Os Hyoïde.

143. *L'os hyoïde*, dans l'homme attaché par un ligament à l'apophyfe ftyloïde du temporal & au cartilage tyroïde, fe trouve articulé, dans le cheval, avec le temporal par fes longues branches, & fixé de plus par une portion charnue rempliffant l'efpace que ces mêmes branches laiffent entre leurs

angles & l'apophyſe ſtyloïdé de l'occipital , où cette même portion s'attache.

Les principaux mouvemens dont cet os , plus ſtable dans l'animal , eſt ſuſceptible , ſont d'être élevé , abaiſſé & tiré en avant & en arriere. Ils ſont opérés à l'aide & par le moyen de douze muſcles , dont dix pairs & deux impairs , ceux-ci étant appellés *mylo-hyoïdien* & *tranſverſal*, & les pairs déſignés par les noms de *géni-hyoïdiens, hyoïdiens, ſtylo-hyoïdiens,ſterno-hyoïdiens* & *kerato-hyoïdiens.*

144. On obſervera dans le muſcle *mylo-hyoïdien :*

1°. *Sa forme*, qui eſt applatie.

2°. *Sa poſition* dans l'auge , directement au-deſ-ſous de la peau.

3°. *Son attache*, de chaque côté , à toute la partie interne de la mâchoire , à cette ligne oſſeuſe, qu'on appelle *myloïde* dans l'homme.

4°. *Sa terminaiſon* , à l'appendice de l'os hyoïde.

Dans le muſcle *géni-hyoïdien* on remarquera :

1°. *Sa poſition ,* au-deſſus du précédent.

2°. *Son attache ,* qui a lieu ſeulement à la partie inférieure de la concavité de la mâchoire , à l'endroit que l'on nomme dans l'homme *apophyſe géni.*

3°. *Son trajet* , le long du mylo-hyoïdien.

4°. *Sa terminaiſon ,* à l'appendice de l'os hyoïde.

Nota. Les uſages de ces muſcles conſiſtent à tirer cet os en avant & à l'abaiſſer.

145. Le muscle *sterno-hyoïdien* se confond souvent jusqu'à sa partie moyenne avec le sterno-thyroïdien, de façon que jusques-là l'un & l'autre ne présentent qu'un seul muscle.

On considérera dans ce même *sterno-hyoïdien* :

1°. *Son attache fixe*, à la pointe du sternum.

2°. *Son trajet*, le long de la trachée-artere.

3°. *Sa terminaison*, à la partie antérieure du corps de l'os hyoïde, près du mylo-hyoïdien.

Le muscle *hyoïdien* n'a point d'attache fixe aux os. On observera :

1°. *Sa naissance*, par une légere aponévrose de la face interne du petit pectoral, à l'endroit de la pointe de l'épaule.

2°. *Son trajet de bas en haut*, le long de la face interne du muscle commun de l'encolure & du bras ; il y adhere fortement par un tiffu cellulaire, & il s'en détache enfuite pour se porter sous la ganache.

3°. *Sa terminaison*, au même lieu que le précédent.

Nota. Les usages de ces muscles font de tirer l'os hyoïde en arriere.

146. Le muscle *stylo-hyoïdien* eft un muscle auquel nous conservons ce nom, vu sa reffemblance avec celui qu'on appelle ainfi dans l'homme.

Il faut confidérer :

1°. *Son attache*, à la pointe ou à l'extrémité fupérieure des longues branches de l'os hyoïde, &
non à l'apophyfe ftyloïde comme dans le corps
humain.

2°. *Sa terminaifon*, aux parties latérales du corps
de cet os.

3°. *L'ouverture* dont ce mufcle eft percé donnant
paffage au tendon mitoyen du mufcle digaftrique.
(*Voyez* 138).

4°. *Ses ufages*, étant de tirer en haut & latéralement le corps de l'os dont il s'agit, qui eft uni avec
les grandes branches d'une maniere affez lâche
pour que ce mouvement foit permis : ce mufcle
eft d'ailleurs aidé dans cette action par le digaftrique, qui fe courbe en paffant par fon ouverture;
or la courbure n'exifte plus lorfque celui-ci entre
en contraction, & elle ne peut être effacée que
l'extrémité du mufcle ftylo-hyoïdien ne foit tirée,
& par conféquent l'os hyoïde lui-même.

147. On remarquera dans le mufcle *kerato-hyoïdien* :

1°. *Son attache*, aux petites branches de l'os
hyoïde.

2°. *Sa terminaifon*, au bord de la partie inférieure
des grandes branches.

3°. *Son ufage* : il rapproche les grandes branches des petites.

148. Le mufcle *tranfverfal* eft ainfi nommé parce

qu'il s'étend tranfverfalement d'une petite branche à l'autre. On confidérera :

1°. *Son attache*, de chaque côté aux extrémités de ces petites branches près de leur articulation avec les grandes, enforte que le point fixe réfide dans le milieu du mufcle.

2°. *Ses ufages*, qui paroiffent fe borner à maintenir dans leur fituation naturelle ces mêmes petites branches, & à en empêcher l'écartement qui auroit pu avoir lieu dans certaines circonftances.

Des Mufcles de la Langue.

149. L'exécution des mouvemens de la langue eft due à fix mufcles, trois de chaque côté, connus fous le noms de *géniogloffe*, de *bafiogloffe* & d'*hyogloffe*.

Il faut confidérer dans le *géniogloffe* :

1°. *Sa pofition*. Il eft directement au-deffous & dans le milieu de la langue.

2°. *Son attache*, au-deffus du géni-hyoïdien, à la partie inférieure de la concavité de la mâchoire, au lieu des apophyfes *géni* dans l'homme.

3°. *Le trajet* de fes fibres, qui de-là s'étendent en haut & en bas.

4°. *Leur prolongement*, jufqu'à la bâfe de la langue où ce mufcle fe termine.

5°. *Ses ufages*, qui font de tirer la langue hors de la bouche.

Dans le mufcle *bafiogloffe* on examinera :

1°. *Son attache fixe*, à la bâfe, c'eft-à-dire, au corps de l'os hyoïde.

2°. *Le trajet*, de fes fibres qui fe propagent à côté & en-dehors du précédent, jufqu'à l'extrémité de la langue où ce mufcle fe termine.

3°. *Ses ufages*, qui font de tirer la langue en dedans & en arriere.

Le mufcle *hyogloffe* eft dans fon trajet détaché de la langue, à la différence des géniogloffe & bafiogloffe qui s'y difperfent entiérement.

On obfervera :

1°. *Son attache*, à la partie externe & inférieure des grandes branches de l'os hyoïde.

2°. *Son trajet* : il fe porte de-là à côté & en-dehors du bafiogloffe jufqu'à l'extrémité de la langue.

3°. *Son attache mobile*, à cette même extrémité, à-peu-près à l'endroit où le précédent fe termine.

4°. *Ses ufages* : il tire la langue de côté, & agiffant avec fon femblable, il la tire en arriere.

Des Mufcles du Larynx.

150. Le larynx eft la partie fupérieure du conduit cartilagineux appellé la *trachée-artere*. Il eft compofé lui-même de cinq cartilages, qui font le *thyroïde*, le *cricoïde*, les deux *aryténoïdes* & l'*épiglotte*.

glotte. De leur forme & de leur jonction réfulte une ouverture ovale bien moindre que celle de la trachée-artere. On l'appelle *la glotte*. Elle a la liberté de fe dilater & de fe refferrer, les cartilages n'étant unis que par des ligamens, & étant plus fufceptibles de dilatation & de conftriction.

Ces mouvemens font l'effet de l'action & du jeu de quinze mufcles, dont fept pairs & un impair.

Les pairs font les *fterno-thyroïdiens*, les *hyo-thyroïdiens*, les *crico-thyroïdiens*, les *crico-aryténoïdiens poftérieurs*, les *crico-aryténoïdiens latéraux*, les *aryténoïdiens* & les *thyro-aryténoïdiens*.

L'impair eft l'*hyo-épiglottique*.

151.   Il faut confidérer dans les mufcles *fterno-thyroïdiens* :

1°. *Leur principe :* ils ne forment d'abord qu'un feul mufcle.

2°. *La naiffance* de ce mufcle, à la pointe du fternum.

3°. *Son trajet*, le long de la trachée-artere.

4°. *Sa divifion*, qui dès-lors en fait deux mufcles.

5°. *Leurs attaches*, aux parties antérieures & latérales du cartilage thyroïde.

6°. *Leur communication*, à l'endroit de la divifion, avec les fterno-hyoïdiens dont ils partent quelquefois, ou avec les fibres defquels leurs fibres s'entrelacent.

Tome I.   M

7°. *Leurs ufages ;* ils tirent en bas le larynx en entier.

On confidérera dans les mufcles *hyo-thyroïdiens :*

1°. *Leurs attaches ,* aux parties latérales du corps de l'os hyoïde.

2°. *Leur trajet ,* à côté du cartilage thyroïde.

3°. *Leur terminaifon ,* au bord de ce même cartilage.

4°. *Leurs ufages :* ils levent le larynx en entier.

On obfervera dans les mufcles *crico-thyroïdiens :*

1°. *Leurs attaches ,* à toute la face latérale externe du cartilage cricoïde.

2°. *Leur terminaifon ,* au bord inférieur du thyroïde , en arriere du précédent.

3°. *Leurs ufages :* ils rapprochent le cartilage thyroïde du cricoïde.

Dans les mufcles *crico-aryténoïdiens poftérieurs ,* on remarquera :

1°. *Leur pofition :* ils occupent toute la face poftérieure du cartilage cricoïde.

2°. *Leurs attaches ,* à cette même face.

3°. *Leur terminaifon ,* à la partie inférieure du cartilage aryténoïde.

4°. *Leurs ufages ,* qui font de dilater la glotte.

Les mufcles *aryténoïdiens* font deux petits mufcles , dont on remarquera :

1°. *La pofition :* à la partie poftérieure du larynx.

2°. *Leur trajet*, d'un cartilage aryténoïde à l'autre.

On confidérera dans les mufcles *crico-aryténoïdiens latéraux* :

1°. *Leurs attaches*, au bord fupérieur du cartilage cricoïde.

2°. *Leur terminaifon*, à la partie latérale externe de l'aryténoïde.

Les mufcles *thyro-aryténoïdiens* préfentent une bande charnue d'environ un demi-pouce de largeur (douze millimètres), dont on peut faire deux mufcles féparés. On obfervera :

1°. *Leur attache*, qui eft la même, à la partie interne & moyenne du cartilage thyroïde.

2°. *Leur terminaifon*, qui eft auffi la même, à la partie latérale du cartilage aryténoïde.

Nota. *L'ufage* de ces trois mufcles eft de fermer entiérement la glotte.

Enfin en ce qui concerne le mufcle *hyo-épiglottique*, on obfervera :

1°. *Son attache*, intérieurement au corps & à la bâfe de l'appendice de l'os hyoïde.

2°. *Sa terminaifon*, à la convexité de l'épiglotte.

3°. *Ses ufages*, il releve l'épiglotte, & dilate par conféquent la glotte.

Des Mufcles du Pharynx.

152. Le pharynx eft l'ouverture fupérieure de l'œfo-

phage. Cette partie pour la déglutition doit être élevée, abaiffée, dilatée & refferrée. Treize mufcles, dont fix pairs & un impair, operent ces mouvemens. Les fix pairs font connus fous le nom de *ptérygo-palato-pharyngiens*, d'*hyo-pharyngiens*, de *thyro-pharyngiens*, de *kérato-pharyngiens*, de *crico-pharyngiens*, & d'*aryténo-pharyngiens*.

L'impair a été appellé *œfophagien*.

153. Dans le mufcle *ptérygo-palato-pharyngien*, on confidérera :

1°. *Son attache*, à l'apophyfe palatine & à celle appellée dans l'homme *ptérygoïde* du fphénoïde, auprès de la poulie, par où paffe le tendon du périftaphylin externe.

2°. *Sa terminaifon*, à la partie fupérieure du pharynx.

3°. *Ses ufages*, qui confiftent à dilater le pharynx, en le tirant en haut & latéralement.

On obfervera dans le *kérato-pharyngien* :

1°. *Son principe* : il naît de la partie interne & moyenne des grandes branches de l'os hyoïde.

2°. *Sa terminaifon* au pharynx, au-deffus du précédent.

3°. *Ses ufages* : il dilate le pharynx, en tirant fa partie poftérieure de devant en arriere.

Nota. On trouve quelquefois ici un petit mufcle dont les attaches & les ufages font les mêmes que ceux du muscle dont nous parlons ; on pourroit le nommer le *petit kérato-pharyngien*.

Il faut remarquer dans l'*hyo-pharyngien* :

1°. *Son principe*, à l'extrémité des parties latérales du corps de l'os hyoïde.

2°. *Sa terminaison*, à la partie postérieure du pharynx.

Eu égard au *thyro-pharygien*.

On fera attention :

1°. *A son principe*, au cartilage thyroïde.

2°. *A sa terminaison*, à la partie postérieure du pharynx.

En ce qui concerne le muscle *crico-pharyngien*.

On observera :

1°. *Son attache*, au cartilage cricoïde.

2°. *Sa terminaison*, à la partie postérieure du pharynx.

Nota. Les *usages* de ces trois muscles font de resserrer le pharynx en l'approchant de ses attaches.

Quant aux muscles *aryténo-pharyngiens*, ils présentent deux paquets de fibres dont on verra :

1°. *Les attaches*, à la partie inférieure du cartilage aryténoïde.

2°. *La terminaison* au pharynx, dans lequel ils se perdent.

3°. *Les usages*, qui se bornent à soutenir le pharynx.

M 3

Le muſcle *œſophagien* eſt , ainſi que nous l'a-
vons dit, le ſeul qui ſoit impair.

On en obſervera :

1°. *La ſubſtance* : il ne préſente qu'un amas de fibres charnues & circulaires qui occupent le pharynx.

2°. *Les attaches* , de chaque côté à tout le larynx.

3°. *Les uſages* : il ferme, en ſe contractant, l'ouverture du pharynx , ce qui arrive dans le temps de
la déglutition pour favoriſer la deſcente des alimens pouſſés dans ce même pharynx par l'action
de la langue , &c.

*Muſcles de la Cloiſon du Palais & de la Trompe
d'Euſtache.*

154.   Le voile du palais eſt la partie flotante qui eſt
au fond de la bouche de l'animal. Elle eſt une
continuation de la membrane du palais , de celle
des naſeaux & d'une membrane aponévrotique
placée entre les deux précédentes.

Cette cloiſon, dans le cheval, appuie & porte
directement ſur l'épiglotte, enſorte que ſi ce cartilage eſt levé & dans ſa poſition naturelle , il
ferme le peu d'ouverture qui reſte entre la cloiſon
& la langue dans le fond de la bouche.

A l'égard de la trompe d'Euſtache , elle eſt la
continuation du conduit qui communique de l'arriere bouche dans l'oreille interne. Ce conduit eſt

en partie offeux, en partie cartilagineux & en partie membraneux dans l'homme ; dans le cheval la
portion membraneufe forme une poche confidérable qui enveloppe la portion cartilagineufe dans
toute fon étendue, cette portion cartilagineufe
prenant naiffance de l'extrémité de la portion offeufe, defcendant le long des parties latérales du
fphénoïde, en s'élargiffant de plus en plus, &
fouvent fe terminant par une efpéce de pavillon
blanchâtre à la partie fupérieure du pharynx ; enforte que le cartilage préfente une gouttière qui
communique dans la poche membraneufe & dans
l'oreille interne.

155. Cinq mufcles operent tous les mouvemens du
voile du palais & de cette trompe ; favoir, deux
pairs qui font les *périftaphylins internes & externes*:
& un impair nommé le *vélo-palatin*.

Il faut confidérer dans le mufcle *périftaphylin
externe*:

1°. *Son attache*, à l'apophyfe ftyloïde du temporal & à la trompe d'Euftache.

2°. *Son trajet*, le long des portions latérales de
la trompe & fur la finuofité de l'apophyfe palatine,
& de l'apophyfe ptérygoïde dans l'homme, qui
font ici office de poulie.

3°. *Sa terminaifon*, à la partie inférieure du voile
du palais dans lequel il fe perd.

M 4

Quant au muscle *périſtaphylin interne* :

On obſervera :

1°. *Son attache*, au même endroit que le précédent.

2°. *Son trajet*, ce muscle ſe portant de dehors en dedans par-deſſus le pavillon avec lequel il contracte adhérence, & paſſant ſous le ptérygo-pharyngien & ſous la portion inférieure de ſon congénere.

3°. *Sa terminaiſon*, à la partie inférieure du voile du palais.

Nota. Les uſages de ces muſcles ſont d'élever le voile du palais & de dilater la trompe.

On doit remarquer dans le muſcle *vélo-palatin* :

1°. *Sa poſition*, entre la membrane palatine & l'aponévrotique.

2°. *Son attache*, par un tendon très-grêle, aux os palatins, au lieu de leur jonction.

3°. *Sa terminaiſon*, à la partie inférieure & moyenne du voile du palais.

4°. *Ses uſages* : ce muſcle étant auxiliaire des précédens, il éleve le voile du palais & l'applique plus exactement aux arriere-narines.

Nota. Ce même voile eſt abaiſſé par pluſieurs petits paquets de fibres renfermées dans la duplicature des membranes qui forment les piliers, & ſe terminent aux parties latérales & inférieures de ce voile.

Muscles de l'Encolure ou du Col.

156.   Le col peut être fléchi, étendu & porté de côté & d'autre.

Quatorze muscles sont préposés à l'exécution de ces mouvemens, sept de chaque côté, dont deux fléchisseurs & cinq extenseurs.

Les fléchisseurs sont le *scalene* & le *long-fléchisseur*.

Les extenseurs sont le *long* & le *court-épineux*, le *long* & le *court-transversal*, & le *peaucier*.

157.   On envisagera dans le muscle *scalene*:

1°. Sa *situation*, à la partie antérieure & inférieure de l'encolure.

2°. Sa *composition*: ce muscle étant formé de deux portions unies à leur partie supérieure, & à leur partie inférieure, d'où résulte une bifurcation donnant passage aux nerfs & aux vaisseaux du bras.

3°. *L'attache* de la portion la plus considérable, inférieurement à la face externe de la premiere côte, par une portion assez large.

4°. *Son trajet*, cette portion se portant delà en diminuant jusqu'à la quatrieme vertebre cervicale inférieure.

5°. Sa *terminaison*, par autant de principes tendineux aux parties latérales antérieures du corps des septieme, sixieme, cinquieme & quatrieme vertebres cervicales.

6°. *L'attache* de l'autre portion, à la même côte &
aux apophyfes tranfverfes de ces mêmes vertebres.

7°. *Sa réunion*, avec la premiere.

8°. *Les ufages* de ce mufcle qui fléchit l'encolure, ainfi que nous l'avons dit, & qui peut encore
fervir à la refpiration en élevant la premiere côte.
En ce cas les vertebres cervicales font fon attache
fixe.

Il faut confidérer dans le mufcle *long-fléchiffeur* :

1°. *Sa compofition* : il eft formé de plufieurs
plans de fibres femblables à autant de petits mufcles.
réunis, & dont néanmoins il n'en réfulte qu'un feul.

2°. *Son étendue*, depuis la fixieme vertebre dorfale, jufqu'à la premiere vertebre cervicale.

3°. *Sa jonction*, dans ce trajet fupérieurement
avec celui du côté oppofé.

4°. *Son attache fixe*, au corps & aux apophyfes
latérales de toutes les vertebres qu'il recouvre, par
des principes tendineux qui fe portent obliquement
de dehors en dedans.

5°. *Sa terminaifon*, fupérieurement par un fort
tendon commun aux deux mufcles, à l'éminence
moyenne & antérieure de la premiere vertebre
du col.

6°. *Ses ufages*, fuffifamment indiqués par le nom
qu'on lui accorde.

158. Eu égard au mufcle *long-tranfverfal.*

On obfervera :

1°. *Ses attaches*, aux apophyfes tranfverfes de la premiere vertebre dorfale & des cinq dernieres vertebres cervicales.

2°. *Sa terminaifon*, par un tendon qui fe confond avec le mufcle fplenius & le mufcle commun, à l'apophyfe tranfverfe de la premiere vertebre cervicale.

3°. *Ses ufages :* ce mufcle extenfeur de l'encolure pouvant contribuer auffi aux mouvemens de la tête, & ces mouvemens auxquels il peut contribuer étant des mouvemens latéraux.

Le *court-tranfverfal* tirant de fes attaches fon nom, comme le précédent, en differe par fon moins de volume. On remarquera :

1°. *Ses attaches*, inférieurement aux apophyfes tranfverfes des cinq premieres vertebres du dos, par autant de petits tendons qui fe portent obliquement de devant en arriere.

2°. *Sa terminaifon* aux apophyfes tranfverfes des dernières vertebres cervicales par de femblables tendons, mais qui fe propagent à contre-fens des autres, puifqu'ils fe portent de derriere en devant, de maniere que le milieu de ce mufcle en eft la partie la plus large.

Le mufcle *long-épineux* eft un mufcle affez confidérable, dont on obfervera :

1°. *L'étendue*, depuis la treizieme apophyse épineuse des vertebres dorsales, jusqu'à la troisieme
apophyse épineuse des vertebres cervicales inférieures. Il recouvre presque toute la face latérale
du garot.

2°. *Son attache*, à la partie supérieure des apophyses épineuses des treize premieres vertebres
dorsales, par autant de tendons qui se confondent
dans son principe avec ceux du long-dorsal.

3°. *Sa terminaison*, aux apophyses épineuses des
trois dernieres vertebres cervicales.

En ce qui concerne le muscle *court-épineux*,
on examinera :

1°. *Son attache*, inférieurement par des tendons
aux apophyses épineuses & obliques de la premiere
vertebre dorsale & des cinq dernieres cervicales.

2°. *Sa terminaison*, par un tendon assez fort à
celle de la seconde.

Nota. Les usages de ces muscles les ont fait
appeller *extenseurs.*

Le muscle *peaucier* est un muscle cutané très-
mince & assez large, en partie charnu & en partie
aponévrotique. On observera :

1°. *Son attache*, tout le long du ligament cervical.

2°. *Son trajet*, dans lequel il recouvre tous les
muscles de l'encolure, de la tête, & une partie
de la face externe de l'omoplate.

3°. *Son adhérence* très-forte , ayant lieu avec le muscle commun (*Voyez* 160) par son aponévrose.

4°. *Son union* avec celui du côté opposé, dans lequel il se confond , en formant antérieurement une seconde portion charnue qui recouvre la trachée-artere , les jugulaires & les carotides.

5°. *Sa terminaison*, à la pointe du sternum.

6°. *Ses usages* , paroissant se borner à opérer la corrugation de la peau comme un pannicule charnu, à servir de gaîne à tous les muscles de l'encolure & de la tête , & à les affermir dans leur situation.

159.　Outre les muscles dont nous venons de parler , il en est une quantité de très-petits qui forment ce que nous nommons *les muscles inter-transversaires* , à raison de leur situation dans l'intervalle de toutes les apophyses transverses , excepté dans celui qui sépare la premiere vertebre de la seconde.

Nota. Leur usage , les rend auxiliaires des extenseurs.

Au surplus, tous les muscles extenseurs dont nous avons fait mention, en se contractant, non seulement tirent & font mouvoir les vertebres où ils se terminent, mais ils mettent en mouvement toutes celles auxquelles ils s'attachent , & toutes ces vertebres ne peuvent être mues sans que la tête ne participe de ces mouvemens ; & lorsque tous les muſcles d'un côté agiſſent enſemble, ils donnent lieu à des mouvemens latéraux.

160.　On ne peut donner d'autre nom que celui de *muſcle commun*, à un muſcle qui ayant des connexions avec trois différentes parties, doit néceſſairement agir ſur les unes & ſur les autres.

On obſervera dans celui-ci :

1°. *Sa poſition*, ſous le peaucier.

2°. *Son étendue*, depuis la partie inférieure & antérieure de l'humerus, juſqu'à la partie poſtérieure de la tête.

3°. *Son principe*, ce mulcle ne préſentant alors qu'un corps charnu.

4°. *L'attache* de ce corps, à la partie inférieure & antérieure de l'os du bras.

5°. *Son trajet*, par-devant la pointe de l'épaule & le long des parties latérales de l'encolure.

6°. *Sa diviſion* en deux portions, lorſqu'il eſt parvenu juſqu'à environ la cinquieme vertebre cervicale.

7°. *L'attache* de l'une de ces portions, à la tubéroſité de la partie pierreuſe du temporal.

8°. *L'attache* de l'autre, par pluſieurs portions tendineuſes à la ſeconde, troiſieme, quatrieme & cinquieme des apophyſes tranſverſes des vertebres cervicales, en ſe confondant avec le tendon du long-tranſverſal.

9°. *La portion charnue*, qui se détache de ce muscle au-dessus de la pointe de l'épaule.

10°. *La terminaison* de cette même portion, au sternum.

11°. *Les usages* du muscle dont il s'agit, qui sont d'étendre la tête, de mouvoir l'encolure latéralement, de l'étendre quand il agit avec son semblable, & de tirer le bras en avant quand le point fixe est au col.

Du Ligament Cervical.

161. Quoique la tête & l'encolure soient très-affermies dans leur articulation au moyen de ligamens particuliers & de nombre de muscles, il est néanmoins encore un ligament très-fort que nous nommons *ligament cervical*.

On remarquera :

1°. *Son principe*, dans lequel il est double, tandis qu'il est simple dans le reste de son étendue.

2°. *Son attache* la plus solide, aux apophyses épineuses des six premieres vertebres dorsales.

3°. *Sa division*, ensuite de cette attache, en deux lames qui remplissent l'intervalle triangulaire résultant de la situation élevée de l'encolure & du garot.

4°. *La réunion* de ces deux lames.

5°. *Leurs attaches*, aux apophyses épineuses de la quatrieme, troisieme & seconde vertebre cervicale.

6°. *Le prolongement* du ligament par deſſus la premiere vertebre ſans s'y attacher.

7°. *Son attache*, très-forte à la partie poſtérieure de l'occipital & de l'apophyſe cervicale.

8°. *Ses uſages*, qui ſont de ſoutenir l'encolure & la tête indépendamment même de tous les muſcles, ſur-tout lorſque cette derniere partie eſt baſſe, & qu'il faut conſéquemment une plus grande force pour la relever.

Nota. On doit juger au ſurplus par la poſition de ce ligament, que tous les muſcles extenſeurs de l'encolure doivent y adhérer & s'y attacher en partie.

DES MUSCLES DE L'EXTRÉMITÉ ANTÉRIEURE.

Muſcles de l'Omoplate ou de l'Epaule.

162. L'épaule eſt portée en avant, en arriere, en haut, en bas, & elle eſt rapprochée des côtes par l'action de cinq muſcles appellés le *trapeſe*, le *rhomboïde*, le *releveur propre*, le *petit pectoral*, & le *grand dentelé*.

163. Le *trapeſe* tire ſon nom de ſa figure qui eſt quadrilatere (*Voyez* 88), ayant deux côtés oppoſés paralleles entr'eux, les deux autres ne l'étant pas. Quelques-uns l'ont appellé *capuchon* dans l'homme.

On conſidérera :

1°. *Sa partie la plus large*, qui eſt tournée du côté de l'épine.

2°.

2°. *Son attache*, aux apophyses épineuses des douze premières vertebres dorsales.

3°. *Sa terminaison*, aux empreintes musculaires qu'on observe à la partie moyenne de l'épine de l'omoplate, par ses fibres réunies en une pointe.

Dans le muscle *rhomboïde*, assez semblable à un turbot dans l'homme, on observera :

1°. *Sa forme*, qui est celle d'un losange (*Voyez* 88).

2°. *Ses attaches*, aux apophyses épineuses qui forment le garot.

3°. *Sa terminaison*, à la face interne du cartilage de l'omoplate ; il se confond avec le releveur propre.

Nota. Les usages de ces deux muscles consistent à tirer l'omoplate ou l'épaule en haut du côté de l'épine.

64. On remarquera dans le muscle *releveur propre* :

1°. *Ses attaches*, tout le long des parties latérales du bord supérieur du ligament cervical, depuis environ la seconde vertebre cervicale.

2°. *Sa terminaison*, à la partie supérieure & interne du cartilage de l'omoplate, ce muscle qui s'élargit alors paroissant se confondre avec le rhomboïde.

3°. *Ses usages* : il releve l'omoplate, en la tirant en avant.

Tome I.   N

165. Le muscle *petit pectoral* doit le nom par lequel on le désigne, à sa position sur le poitrail de l'animal. Il faut en considérer :

1°. *L'attache fixe*, aux parties latérales du sternum, & aux cartilages des trois premieres vraies côtes.

2°. *Le trajet*, le long du bord antérieur de l'omoplate jusqu'à la partie supérieure.

3°. *La terminaison* à cette même partie, aux empreintes musculaires qu'on y observe.

4°. *Les usages* : il tire l'épaule en bas & du côté du poitrail.

166. Le muscle *grand dentelé* est le plus considérable des muscles de l'épaule. On en observera :

1°. *Les dentelures ou digitations* au nombre de huit, adhérentes à l'extrémité inférieure des huit premieres côtes, s'entrelaçant avec les digitations antérieures du muscle grand oblique du bas-ventre, & s'étendant tout le long de la partie inférieure & latérale du col.

2°. *Les attaches*, aux apophyses transverses des cinq dernieres vertebres cervicales, ainsi qu'aux apophyses transverses des trois premieres vertebres du dos.

3°. *La terminaison*, à la partie supérieure & interne de l'omoplate, par un fort tendon résultant de la réunion de ses fibres.

'4°. *Les usages*, ce muscle tirant l'épaule en bas & la rapprochant des côtes, il la porte encore en arriere ou en avant lors de l'action de sa portion postérieure ou antérieure.

Muscles du Bras.

167. Le bras se meut en tous sens, attendu son articulation par genou avec l'omoplate. Il peut donc être porté en avant, en arriere, en dedans, en dehors, en rond & en maniere de pivot.

Toutes ces différentes actions sont dues à dix muscles appellés le *muscle commun*, le *grand pectoral*, l'*omo-brachial*, l'*antépineux*, le *postépineux*, le *grand dorsal*, le *sous-scapulaire*, l'*adducteur*, le *long* & le *court abducteur*.

168. Le muscle *commun* peut-être comparé par sa structure au muscle *deltoïde* de l'homme.

On observera :

1°. *Son attache*, à tout le bord tranchant du sternum.

2°. *Son trajet*, de dedans en dehors.

3°. *Son autre attache*, par un tendon applati à la partie inférieure & antérieure de l'humerus.

4°. *Son prolongement*, par une aponévrose sur les muscles du bras & de l'avant-bras que cette même aponévrose recouvre, & avec lesquels elle se confond.

N 2

5°. *Ses usages*, qui sont d'opérer l'action de *chevaler*, c'est-à-dire, de croiser une jambe l'une sur l'autre : quand il agit avec le grand pectoral, il approche le bras du poitrail.

On doit considérer, eu égard au muscle *grand pectoral* :

1°. *Sa situation*, au-dessous du précédent.

2°. *Ses attaches*, à la partie inférieure & antérieure de l'aponévrose du grand oblique, au cartilage xiphoïde, à la partie latérale du sternum, & aux cartilages des six dernieres vraies côtes.

3°. *Sa terminaison*, à la partie supérieure & latérale interne de l'humerus, en se confondant avec le tendon de l'omo-brachial.

4°. *Ses usages*, ce muscle portant le bras en dedans, & le muscle commun concourant au même effet.

169. Le muscle *antépineux* remplit la fosse antépineuse de l'omoplate. On examinera :

1°. *Son attache*, à cette même fosse.

2°. *Sa terminaison*, par deux tendons très-courts à la partie supérieure des deux éminences antérieures de l'humerus.

3°. *L'ouverture* résultant de ces deux tendons, & donnant passage au long-fléchisseur de l'avant-bras.

On observera, en ce qui concerne le muscle *omo-brachial* :

1°. *Son attache*, à l'éminence qui se trouve à la partie latérale interne de la tubérosité de l'omoplate, éminence appellée *apophyse coracoïde* dans l'homme.

2°. *Sa terminaison*, à la partie antérieure & moyenne du corps de l'humerus.

Nota. Les *usages* de ces deux muscles font de porter le bras en avant.

170.   Dans le muscle *postépineux*. On envisagera :

1°. *Sa situation*, dans la fosse postépineuse.

2°. *Son attache*, à cette même fosse.

3°. *Sa terminaison*, à l'éminence externe & supérieure de l'humerus.

Le *grand dorsal* est un muscle extrêmement large, qui recouvre presque toutes les côtes.

On considérera :

1°. *Ses attaches*, par une aponévrose à l'angle antérieur des os des îles, & aux apophyses épineuses des vertebres lombaires & dorsales.

2°. *Son épanouissement* sur les côtes, ce muscle devenant charnu jusqu'au-dessous de l'omoplate.

3°. *La seconde aponévrose*, dans laquelle il dégénere ensuite, & qui se confond avec celle du long extenseur de l'avant-bras & de l'adducteur du bras.

4°. *Sa terminaison*, à la tubérosité interne de l'humerus.

Nota. Les *usages*, de ces deux muscles font de porter le bras en arriere.

N 3

171. On obfervera dans le mufcle *fous-fcapulaire* :

1°. *Sa pofition*, dans la foffe de la face interne de l'omoplate qu'il remplit entiérement.

2°. *Sa terminaifon*, à la partie fupérieure & interne de l'humerus.

Nota. Ce mufcle, ainfi que l'antépineux & le poftépineux, s'attachant à la circonférence de la tête de l'humerus, & formant une aponévrofe commune qui fe confond avec le ligament capfulaire de cette articulation ; ce même ligament, au moyen de ce méchanifme, eft élevé dans l'action de ces mufcles, fans être expofé aux rifques d'être pincé entre l'humerus & l'omoplate.

On confidérera dans le mufcle *adducteur* :

1°. *Son attache*, à la partie fupérieure du bord poftérieur de l'omoplate du côté interne.

2°. *Son trajet* : il defcend le long de ce même bord.

3°. *Sa terminaifon*, à la tubérofité interne de l'humerus, en fe confondant avec le grand dorfal.

Nota. Les ufages de ce mufcle & du précédent font de porter & de ferrer le bras contre la poitrine.

172. Il faut obferver dans le mufcle *long-abducteur* :

1°. *Son attache*, à la partie fupérieure du bord poftérieur de l'omoplate du côté externe.

2°. *Son trajet* : il defcend le long de ce même bord.

3°. *Sa terminaifon*, à la tubérofité externe de l'humerus.

On envisagera enfin dans le muscle *court-ab-ducteur* :

1°. *Son attache*, le long de la partie moyenne du bord postérieur de l'omoplate au-dessous du postépineux.

2°. *Sa terminaison*, au-dessous de la tubérosité externe de l'humerus, entre le postépineux & le long abducteur.

Nota. Les usages de ces deux muscles sont de porter le bras en dehors.

Lorsque tous les muscles du bras agissent ensemble, ils tiennent cette partie roide & dans une même situation ; agissant successivement les uns après les autres, ils opéreront des mouvemens de rotation, & l'action successive des seuls muscles antépineux, postépineux & sous-scapulaire, fera tourner le bras sur son axe.

Muscles de l'Avant-Bras.

173. Le cubitus est joint à l'humerus par charniere, & les mouvemens que permet cette articulation se bornent à l'extension & à la flexion.

Ils ont ici lieu par le moyen de sept muscles, nommés le *long* & le *court-fléchisseur*, le *long*, le *gros*, le *court*, le *moyen* & le *petit-extenseur*.

174. Le muscle *long-fléchisseur* répond au muscle que dans l'homme on nomme le *biceps*, quoiqu'il n'ait

pas deux tendons supérieurement. On observera :

1°. *Son attache* à la tubérosité de l'omoplate, par un tendon extrêmement fort & très-gros.

2°. *L'augmentation* de la grosseur de ce tendon, ensuite de cette attache, & son changement en un corps épais & cartilagineux fait en forme de poulie, qui dans les mouvemens de contraction du muscle glisse sur l'éminence moyenne de la partie supérieure & antérieure de l'humerus, & occupe les deux sinuosités : ce tendon fait à l'épaule ce que la rotule fait au graffet, car il roule & glisse immédiatement sur l'os, au moyen de l'humeur synoviale de l'articulation, le ligament capsulaire n'étant point au-deffous, mais s'attachant extérieurement aux environs & au bas de cette articulation.

3°. *La partie charnue* qui succede au tendon, & qui descend le long de la partie antérieure du bras.

4°. *Sa terminaison*, par un tendon moins fort que le précédent, à la tubérosité interne du cubitus.

5°. *L'aponévrose*, se détachant extérieurement de ce tendon, & s'épanouissant sur les autres muscles de l'avant-bras dans lesquels elle s'évanouit insensiblement.

Il faut remarquer, eu égard au *court-fléchisseur* :

1°. *Son attache*, à la partie postérieure & au-deffous de la tête de l'humerus.

2°. *Son trajet*, de derriere en devant, ce mufcle gliffant fur la grande finuofité de ce même os.

3°. *Sa terminaifon*, à la tubérofité interne du cubitus au-deffous du précédent.

Nota. Les ufages de ces deux mufcles font indiqués par leur dénomination ; ils fléchiffent l'avant-bras.

175. On confidérera dans le mufcle *long-extenfeur* :

1°. *Ses attaches*, par une aponévrofe au bord poftérieur de l'omoplate ; cette aponévrofe recouvrant la face interne du gros-extenfeur, & fe confondant avec celle du grand dorfal.

2°. *L'origine* de fes fibres charnues, naiffant de la partie fupérieure de ce même bord.

3°. *Leur trajet* : elles defcendent en s'élargiffant le long du gros-extenfeur, & recouvrent toute la face interne de l'articulation.

4°. *Sa terminaifon*, à la partie latérale interne de l'apophyfe olécrâne.

5°. *Son changement*, en une aponévrofe qui recouvre les mufcles du canon.

Il faut obferver dans le mufcle *gros-extenfeur* :

1°. *Sa pofition*, au-deffus de celui-ci.

2°. *Son attache*, tout le long du bord poftérieur de l'omoplate.

3°. *Son trajet* : il fuit le précédent.

4°. *Sa terminaifon*, à l'apophyfe olécrâne.

On envifagera dans le mufcle *court-extenfeur* :

1°. *Sa pofition*, à la partie latérale externe du bras.

2°. *Son attache*, au-dessous de la tête, & à la tubérosité externe de l'humerus.

3°. *Sa terminaison*, à l'apophyse olécrâne.

Le *petit-extenseur* ne fait pas un grand trajet.

Il faut considérer :

1°. *Son attache*, à la partie postérieure & inférieure de l'humerus, dont il occupe une portion de la cavité profonde & postérieure.

2°. *Sa terminaison* par un tendon, à la partie postérieure de l'olécrâne.

On observera dans le muscle *moyen-extenseur* :

1°. *Son attache*, à la tubérosité interne de l'humerus.

2°. *Son trajet*, le long de la partie interne du bras.

3°. *Sa terminaison*, à la partie supérieure & interne de l'olécrâne.

Nota. Les usages de ces cinq muscles sont indiqués par leur dénomination ; leur fonction est d'étendre l'avant-bras.

Des Muscles du Canon.

176. Le canon n'est susceptible que des mouvemens de flexion & d'extension. Ils ont ici lieu à contre-sens de ceux de l'avant-bras, puisque le canon se fléchit en arriere, & qu'il s'étend en avant au moyen de cinq muscles, dont trois *fléchisseurs* & deux *extenseurs*.

Les fléchisseurs sont le *fléchisseur-interne*, le *fléchisseur-externe* & le *fléchisseur-oblique*.

Les extenseurs sont le *droit-antérieur* & l'*extenseur-oblique*.

177. On remarquera dans le muscle *fléchisseur-interne* :

1°. *Son attache*, supérieurement au condyle interne de l'humerus.

2°. *Son trajet* jusqu'au genou, où il entre dans un ligament annulaire & particulier.

3°. *Sa terminaison* par un tendon applati, à la partie postérieure du canon.

Il faut observer dans le muscle *fléchisseur-oblique*:

1°. *Son attache*, supérieurement à la partie postérieure du condyle interne de l'humerus.

2°. *Son trajet*, qui est oblique de haut en bas.

3°. *Sa terminaison* à l'osselet du genou, que nous avons nommé l'*os crochu*.

On considérera dans le muscle *fléchisseur-externe*:

1°. *Son attache*, supérieurement à la partie postérieure du condyle externe de l'humerus.

2°. *Sa premiere terminaison* à l'os crochu, par un tendon.

3°. *Le prolongement* de ce tendon après cette attache, le long de la partie latérale externe des os du genou.

4°. *Sa derniere terminaison*, à la tête du péronné.

Nota. Les ufages de ces mufcles font fuffifamment connus par le nom qui les défigne.

178. On obfervera dans le mufcle *extenfeur-droit-
antérieur.*

1°. *Sa pofition*, à la partie antérieure de l'avant-
bras.

2°. *Son attache*, fupérieurement à la tubérofité &
au condyle externe de l'humerus.

3°. *Son trajet* en defcendant & en paffant fous
le tendon de l'extenfeur-oblique dans une finuofité
de la partie inférieure du cubitus, où il eft recouvert d'un ligament annulaire & particulier.

4°. *Sa terminaifon*, fans fortir de ce ligament,
antérieurement à la tubérofité du canon.

Il faut confidérer enfin dans le mufcle *extenfeur-
oblique*:

1°. *Son attache*, fupérieurement à la partie latérale externe du cubitus, depuis la partie moyenne
jufqu'à l'inférieure.

2°. *Son trajet*, en fe portant obliquement de
dehors en dedans par-deffus le tendon de l'exten-
feur-droit-antérieur, il traverfe obliquement l'articulation, & paffe dans un ligament annulaire &
particulier.

3°. *Sa terminaifon*, à la partie latérale & interne
de la tête du canon.

Nota. Les ufages de ces mufcles font exprimés

auſſi par le nom qu'on leur donne ; l'extenſeur oblique peut encore déterminer latéralement le canon.

Muſcles du Pied.

179. Nous comprenons dans le pied tout ce qui eſt au-deſſous du canon, c'eſt-à-dire, le boulet, le pâturon, la couronne & le pied proprement dit, ces parties faiſant leurs mouvemens enſemble, & leurs muſcles étant communs. Elles ſont articulées par charniere, & ne ſont par conſéquent capables que d'extenſion & de flexion.

On compte pour ces deux actions oppoſées quatre muſcles, deux *fléchiſſeurs* & deux *extenſeurs*. Les deux fléchiſſeurs ſont, le *ſublime* & le *profond*; & les deux extenſeurs, l'*extenſeur-antérieur* & l'*extenſeur-latéral*, ſans parler de deux autres petits muſcles nommés *lombricaux* dans l'homme.

180. Le muſcle *ſublime*, appellé ainſi eu égard à ſa ſituation, & nommé encore *perforé* eu égard à ſa ſtructure, occupe la partie poſtérieure de la jambe depuis le bras juſqu'au pied. On obſervera :

1° *Son attache*, ſupérieurement à la partie poſtérieure du condyle interne de l'humerus.

2°. *Son trajet*, en deſcendant le long du muſcle profond, paſſant dans l'arcade ligamenteuſe qui eſt derriere le genou, & ſe portant juſqu'à l'extrémité inférieure du canon où il s'élargit.

3°. *Sa seconde attache*, par une expanſion ligamenteuſe aux os ſéſamoïdes.

4°. *Son prolongement*, le long du pâturon.

5°. *Sa terminaiſon*, de chaque côté à la partie
ſupérieure de l'os de la couronne, par deux branches
tendineuſes, laiſſant entr'elles une ouverture qui a
donné lieu, ainſi que je l'ai dit, d'appeller encore ce
muſcle *muſcle perforé*, ſur-tout dans l'homme, ce
tendon étant en lui véritablement percé d'un trou,
mais ſe diviſant ſimplement ici en deux branches.

Le muſcle *profond* eſt au-deſſous du muſcle ſublime, & part du même endroit & de la même attache, ces deux muſcles étant unis à la partie ſupérieure. On en remarquera :

1°. *Le volume*, plus conſidérable que celui du
ſublime.

2°. *La compoſition*, il paroît formé de quatre à
cinq petits muſcles qui ſe réuniſſent cependant en
un ſeul & fort tendon, & dont il en eſt deux que
l'on diſtingue & que l'on ſépare plus aiſément.

3°. *L'attache ſéparée*, du premier de ces deux
petits muſcles, à la partie poſtérieure de l'olécrâne.

4°. *Sa poſition*, à la partie interne & concave
de cette apophyſe.

5°. *L'union*, qui ſe fait près du genou de ſon
tendon, qui eſt extrêmement mince, avec le tendon
fort & commun dont je viens de parler, cette por-

tion de muscle ou ce petit muscle donnant aussi quelquefois un tendon au fléchisseur oblique du canon.

6°. *L'attache* du second de ces deux petits muscles, à la partie postérieure & moyenne du cubitus.

7°. *L'union*, qu'il contracte de même avec le tendon commun.

8°. *Le trajet*, de ce même tendon commun dans l'arcade ligamenteuse du genou, au-dessous ou au-devant du sublime, d'où il est appellé *profond*, ce tendon descendant jusqu'au bas du pâturon, où il traverse la fente formée ou l'espace laissé par les branches tendineuses du *perforé*, & devenant alors *perforant*.

9°. *Sa terminaison*, à la partie inférieure de l'os du pied, où il s'épanouit en maniere d'aponévrose.

Nota. Les *usages* de ces deux muscles se bornent, ainsi qu'on peut le concevoir, à opérer la flexion du pied.

181. Il faut, eu égard au muscle *extenseur-antérieur*, considérer :

1°. *Son attache*, supérieurement & antérieurement au condyle externe de l'humerus & au cubitus.

2°. *Son trajet*, le long de la partie externe de ce dernier os jusqu'au genou, où il passe dans un ligament annulaire & particulier, pour se porter obliquement fur la partie antérieure du canon jufques fur le boulet.

3°. *Son adhérence* en cet endroit, au ligament de cette articulation.

4°. *Sa jonction*, après être encore defcendu, avec le mufcle fuivant.

Le mufcle *extenfeur-latéral* eft fitué à la partie externe de l'avant-bras.

Il faut en remarquer :

1°. *L'attache*, à la partie fupérieure & externe du cubitus.

2°. *Le trajet*, le long de la partie latérale de cet os, & dans un ligament annulaire & particulier de l'articulation du genou, ainfi que le long de la partie antérieure du canon fur laquelle il chemine obliquement.

3°. *L'adhérence* qu'il contraéte avec l'articulation du boulet, où il fe joint avec le mufcle précédent, & fe confond avec deux parties ligamenteufes venant de la partie poftérieure du canon.

4°. *La forte aponévrofe*, réfultant de ces quatre corps réunis.

5°. *Sa terminaifon*, à tout le bord fupérieur de l'os du pied.

Nota. Les ufages de ces deux mufcles font trop fenfibles, pour être obligé d'annoncer qu'ils étendent le pied.

Des

Des Muscles Lombricaux.

182. Il est encore deux petits muscles qui peuvent être comparés aux lombricaux de l'homme.

On en observera :

1°. *Le principe*, à la partie inférieure du tendon du profond.

2°. *La terminaison* au pâturon.

3°. Quant à *leurs usages*, ils peuvent être regardés comme les auxiliaires des précédens.

DES MUSCLES DU CORPS.

SECTION I.

Des Muscles du Dos & des Lombes.

183. LES muscles du dos & des lombes ayant les mêmes fonctions, ou du moins se prêtant mutuellement des secours, nous les rangerons dans la même classe, & nous les réunirons dans une même & seule description, à l'effet d'éviter toute confusion, & des répétitions inutiles.

Ces muscles sont de chaque côté le *long-dorsal* & le *psoas des lombes*. Il en en est de plus d'autres petits, appellés les uns *épineux-transversaires*, & les autres *inter-épineux*.

Tome I.   O

184. Le mufcle *long-dorfal*, eft un mufcle très-confidérable & très-compofé. On en obfervera :

1°. *La naiſſance* ou le *principe* poftérieurement à la crête de l'iléon.

2°. *Les attaches*, aux apophyſes épineuſes & tranſverſes de toutes les vertebres lombaires, ainſi qu'aux cinq dernieres apophyſes épineuſes des vertebres dorſales.

3°. *Le trajet*, qu'il fait enfuite de ces attaches de derriere en devant, le long du bord inférieur du long-épineux du col avec lequel il ſe confond en partie.

4°. *Ses attaches*, dans ce trajet, par des portions charnues, à la partie fupérieure de toutes les côtes, & par des tendons, aux apophyſes tranſverſes de toutes les vertebres dorſales, ce mufcle rempliſſant prefque tout l'intervalle qui eft entre les côtes & les apophyſes épineuſes.

5°. *Sa terminaiſon*, après avoir infenfiblement diminué de largeur, par trois tendons aux deux dernieres vertebres cervicales.

6°. *Ses uſages* : les mouvemens qu'opere ce mufcle devant être très-forts, car il eft compofé de beaucoup de plans de fibres, dont chacun a des attaches particulieres : c'eft auffi par lui que tout le tronc de l'animal eft mû, ſoit que le cheval faſſe une peſade, une courbette, une pointe, ou qu'il éleve le devant de maniere ou d'autre, foit auffi que par une action contraire il rue, il épare, ou leve le derriere.

Eu égard aux mufcles *épineux-tranfverfaires*, qui doivent leurs noms à leurs attaches, on en confidérera :

1°. *Le nombre*, qui eft égal à celui des vertebres lombaires & dorfales.

2°. *La pofition* oblique, tant fur les unes que fur les autres, de derriere en devant.

3°. *Les attaches*, conftantes aux apophyfes tranf-verfes d'une vertebre, & aux apophyfes épineufes de l'autre; & ainfi fucceffivement depuis l'os facrum jufqu'à la premiere vertebre du dos, tous ces petits mufcles fe joignant & s'atteignant de maniere qu'ils paroiffent n'en compofer qu'un feul.

Les mufcles *inter-épineux* occupent l'intervalle que laiffent les apophyfes épineufes entre elles.

Nota. Les ufages de ceux-ci & des précédens font de concourir avec le long-dorfal aux mêmes effets.

On remarquera, en envifageant le mufcle *pfoas des lombes :*

1°. *Son attache*, aux parties latérales du corps des trois dernieres vertebres dorfales, & aux quatre premieres vertebres lombaires.

2°. *Sa terminaifon*, à la partie inférieure & interne de l'iléon, près de la cavité cotyloïde.

3°. *Ses ufages* : ce mufcle étant l'antagonifte du long-dorfal, de maniere que quand l'animal leve le devant, comme il a fon point fixe à l'iléon, il fert à le baiffer ; & lorfque l'animal leve le derriere, le point fixe devenant le point mobile, entraîne le baffin, & par conféquent le train de derriere. Il aide encore beaucoup au cheval à fe relever quand il eft couché ; il eft alors fecondé par les mufcles du bas-ventre, qui approchent le baffin des côtes. Il contribue enfin aux mouvemens latéraux, en agiffant de concert avec ces mêmes mufcles.

Des Mufcles de la Refpiration.

185. La refpiration fuppofe néceffairement deux mouvemens, c'eft-à-dire, l'infpiration opérée par l'élévation des côtes, & l'expiration opérée par leur abaiffement.

L'un & l'autre de ces mouvemens doivent être exécutés au moyen de certains mufcles, indépendamment de l'action de l'air & de la ftructure des côtes qui y contribuent principalement.

Nous diviferons ces mufcles en infpirateurs & en expirateurs, & en communs & propres à chacun de ces mouvemens.

Les premiers font, les *releveurs des côtes*, les *intercoftaux internes* & *externes*, le *tranfverfal*, & le *mufcle du fternum*.

Les seconds sont, le *long-dentelé*, l'*intercostal commun*, & *le diaphragme*.

186.   Les premiers des muscles propres à l'inspiration sont les *releveurs des côtes*.

Il faut en considérer :

1°. *Le nombre* ; on en compte quinze.

2°. *Les attaches*, celle du premier étant à l'apophyse transverse de la seconde vertebre dorsale, celle du second à l'apophyse transverse de la troisieme.

3°. *Leur terminaison*, celle du premier se faisant à la partie antérieure & supérieure de la troisieme côte, celle du second à la partie antérieure & supérieure de la quatrieme, & ainsi de suite pour les attaches & les terminaisons des treize suivans.

4°. *Leurs usages*, suffisamment indiqués par leurs noms.

Les muscles *intercostaux* remplissent les intervalles de toutes les côtes. On en observera :

1°. *Le nombre*. S'il est dix-sept intervalles entre les côtes, & qu'ils soient au nombre de deux dans chaque intervalle, il en est trente-quatre de chaque côté, ou soixante-huit en tout.

2°. *Leur structure*. Ils sont composés de deux plans de fibres séparés & disposés à contre-sens, d'où résultent deux muscles différens, dont l'un est interne & l'autre externe.

3°. *Le trajet du plan externe*, ce plan se portant de devant en arriere, & obliquement de haut en bas.

4°. *Le trajet du plan interne*, ce plan se portant obliquement de bas en haut, de maniere que les fibres de ces deux muscles ou de ces deux plans se croisent à angles aigus, & ne sont séparées que par un tissu cellulaire fort léger.

5°. *Leurs attaches*, au bord & à la sinuosité de toutes les côtes : il semble néanmoins que la plus fixe est à leur bord postérieur, & la mobile au bord antérieur, savoir, de la premiere à la seconde, de la seconde à la troisieme, & ainsi successivement.

6°. *Leurs usages*, développés par leur position, & qui sont d'élever les côtes, parce que la premiere où commence le premier point d'appui n'est pas trop mobile, & convient par conséquent très-bien pour leur servir de point fixe.

Le muscle *transversal*, présente une bande charnue de la largeur d'environ deux doigts (trois centimètres & demi). On en remarquera :

1°. *Le trajet*, ce muscle s'étendant transversalement depuis la premiere côte jusqu'à la quatrieme.

2°. *L'attache*, à la face externe de la premiere côte.

3°. *La terminaison*, à la face externe de la quatrieme côte, près des attaches du muscle droit du bas-ventre, après avoir passé par-dessus la seconde & la troisieme sans s'y attacher.

4°. *Les usages :* la premiere côte servant de point fixe à ce muscle, il tire la quatrieme en avant & la releve.

On observera dans le muscle *du sternum :*

1°. *Sa position* & ses attaches, à la face interne de cet os.

2°. *Ses attaches,* par des productions tendineuses aux cartilages des vraies côtes.

3°. *Ses usages.* Ces productions étant obliques de devant en arriere, il peut aider ces côtes dans leur mouvement & les élever, quoique le sternum lui-même soit mu dans l'inspiration, attendu qu'il est comme la clef & le point d'union de toutes les côtes.

Nota. Le col & l'épaule présentant un point fixe au muscle grand dentelé & au muscle scalene, ces deux muscles peuvent aider l'action de tous ceux dont nous venons de parler.

187. Le premier des muscles communs à la respiration est le *long-dentelé.* On en considérera :

1°. *La position* le long du dos, au dessous du grand-dorsal.

2°. *La composition :* il est formé de deux portions, l'une antérieure & l'autre postérieure, qui dans leur entrelacement à la partie moyenne de la poitrine, ne paroissent être qu'un seul & même muscle : mais en voyant la direction de ses fibres,

& en faifant attention à fon ufage , on pourroit en faire deux mufcles particuliers.

3°. *Les attaches* de la portion antérieure , aux apophyfes épineufes des douze premieres vertebres dorfales par une aponévrofe.

4°. *La terminaifon* de cette même portion , après qu'elle s'eft portée de devant en arriere , par huit digitations charnues , aux quatre dernieres vraies & aux quatre premieres fauffes côtes.

5°. *Les attaches* de la portion poftérieure , par une aponévrofe , aux apophyfes épineufes de toutes les vertebres lombaires, & aux cinq dernieres dorfales.

6°. *La terminaifon* de cette même portion , après qu'elle s'eft portée obliquement de derriere en devant , au bord poftérieur des fept à huit dernieres fauffes côtes , par autant de digitations charnues qui s'entrelacent avec les digitations poftérieures du mufcle grand oblique de l'abdomen.

Le mufcle *intercoftal commun* a été ainfi nommé, parce qu'il s'attache à toutes les côtes.

Il faut en obferver :

1°. *La pofition* : il eft couché le long de leur partie fupérieure au-deffous du long-dentelé.

2°. *La compofition* , ce mufcle étant compofé de deux plans de fibres réunies.

3°. *Les attaches* du plan externe , par trois tendons aux apophyſes tranſverſes des trois premieres vertebres lombaires.

4°. *Sa terminaiſon*, après s'être porté de derriere en devant, par autant de tendons, à la partie ſupérieure du bord poſtérieur de toutes les côtes.

5°. *Les attaches* du plan interne, à l'apophyſe tranſverſe de la premiere vertebre dorſale.

6°. *Sa terminaiſon*, après qu'il s'eſt porté de devant en arriere, par autant de tendons moins ſenſibles que les précédens, à la partie antérieure & ſupérieure de toutes les côtes, les tendons de ces deux plans de fibres ſe croiſant en maniere d'X.

Nota. Les uſages de ces deux muſcles ſont de ſervir à l'inſpiration & à l'expiration, en élevant & en abaiſſant les côtes.

Le *diaphragme* eſt un muſcle qui ſépare la poitrine du bas-ventre.

On examinera :

1°. *Sa plus grande largeur* à la partie ſupérieure, qu'à l'inférieure.

2°. *Sa convexité*, du côté de la poitrine.

3°. *Sa concavité*, du côté du bas-ventre.

4°. *Sa partie charnue.*

5°. *Sa partie aponévrotique.*

6°. *Son attache ſupérieure*, par deux parties tendineuſes, appellées les *piliers du diaphragme*, l'un à droite & l'autre à gauche, aux parties latérales du

corps des trois premieres vertebres lombaires &
des deux dernieres dorfales, à la face interne de
toutes les fauſſes côtes, aux deux dernieres vraies,
& au cartilage xiphoïde.

7°. *Son centre nerveux* ou *tendineux*, c'eſt-à-dire,
la large aponévroſe réſultant à ſa partie moyenne
des fibres rayonnées qui viennent ſe rendre de la
circonférence au centre, ce centre lui ſervant de
point fixe avec les deux piliers.

8°. *Les trois ouvertures* dont ce muſcle eſt percé.

9°. *La premiere* ou *la ſupérieure*, étant l'eſpace
qui ſépare les deux piliers, elle donne paſſage à
l'aorte.

10. *La ſeconde*, qui eſt à droite, donnant paſſage
à la veine cave.

11°. *La troiſieme*, qui eſt à gauche, en offrant un
à l'œſophage.

12°. *Les uſages* de ce muſcle. Il augmente, en
ſe portant en arriere dans l'inſpiration, la capacité
de la poitrine, & facilite la dilatation des poumons.
Dans l'expiration au contraire, il diminue la capacité que ſon premier mouvement avoit accrue, ce
premier mouvement étant un mouvement actif,
dans lequel conſiſte ſa véritable fonction, & le ſecond n'étant qu'un mouvement paſſif, occaſionné
par la contraction des muſcles abdominaux à laquelle il cede.

Des Muscles de l'Abdomen ou du Bas-ventre.

188. Huit muscles, quatre de chaque côté, entourent & forment la plus grande partie des parois du ventre ou du coffre de l'animal ; la direction de leurs fibres en a déterminé la dénomination ; ainsi le premier ou le plus extérieur a été appellé *muscle grand-oblique*, le second, *muscle petit-oblique*, le troisieme, *muscle transverse*, & le quatrieme, *muscle droit*.

189. Le muscle *grand-oblique* est le muscle le plus considérable & le plus étendu : il se montre aussitôt qu'on a enlevé les tégumens & le pannicule charnu.

On considérera :

1°. *Ses attaches postérieures* étant à toute la crête des os des îles, c'est-à-dire, le long de l'angle antérieur, & à l'os pubis.

2°. *Ses attaches antérieures* ayant lieu extérieurement à la partie inférieure des quinze dernieres côtes par autant d'appendices charnues qui se terminent & finissent par un petit tendon, ces appendices formant des digitations ou dentelures dont les six à sept premieres s'entrelacent avec celles du long-dentelé (*Voyez* 187), & sont recouvertes par le grand-dorsal (*Voyez* 170).

3°. *La légere aponévrose*, étant à sa partie supérieure, n'ayant aucune attache fixe le long de son bord, & adhérant feulement aux mufcles qu'elle recouvre.

4°. *L'entiere & forte aponévrofe* étant à fa partie inférieure & poftérieure, fe joignant inférieurement à celle du côté oppofé, contribuant par cette jonction à la formation de ce qu'on appelle *la ligne blanche*, & contractant adhérence avec l'aponévrofe du petit-oblique.

5°. *L'ouverture ovale* dont cette portion aponévrotique eft percée dans le cheval comme dans l'homme, pour le paffage des vaiffeaux fpermatiques, cette ouverture étant appellée communément *l'anneau du grand oblique* ou *de l'oblique externe*.

6°. *L'arcade* placée un peu plus poftérieurement, & nommée *l'arcade crurale*; elle fournit un paffage aux vaiffeaux cruraux.

7°. *La direction* des fibres de ce mufcle, étant obliquement de devant en arrière & de haut en bas.

Dans le mufcle *petit-oblique* : il faut remarquer:

1°. *Sa pofition*, immédiatement au-deffous du grand-oblique.

2°. *Ses attaches poftérieures*, étant à tout l'angle antérieur des os des îles & au pubis.

3°. *Son trajet*; ce mufcle fe portant, de ces attaches, à contre-fens du grand-oblique, c'eft-à-dire, obliquement de haut en bas & de derrière en devant.

4°. *Ses attaches antérieures*, par plufieurs tendons au bord des cartilages des fauffes côtes, d'où l'on voit qu'antérieurement il n'outre-paffe pas & ne fe porte pas même fi loin que le grand-oblique.

5°. *Sa partie fupérieure*, n'ayant, ainfi que ce dernier mufcle, aucune attache fixe.

6°. *L'aponévrofe*, plus large dans le milieu qu'à fes extrémités, étant à fa partie inférieure qu'elle termine, & finiffant à la ligne blanche.

7°. *L'adhérence de cette aponévrofe* avec celle du grand-oblique par fa face externe, tandis que par fa face interne elle eft collée au mufcle droit & adhere fortement à toutes fes interfections, d'où l'on voit qu'elle diffère de l'aponévrofe que l'on rencontre dans le corps humain, en ce qu'elle ne fe partage point en deux lames pour envelopper & former une gaîne au mufcle droit ; ici ce mufcle en eft fimplement recouvert.

Nota. Les ufages particuliers de ces deux mufcles, confiftent à faire faire au corps de l'animal des mouvemens latéraux.

790. Le mufcle *tranfverfe* eft directement fitué au-deffous du précédent, fes fibres fe portant de haut en bas, depuis les vertebres des lombes jufqu'à la ligne blanche. On examinera :

1°. *Ses attaches* les plus fixes, ayant lieu fupérieurement par une aponévrofe aux apophyfes tranfverfes des vertebres lombaires.

2°. *Sa terminaison* , inférieurement à la ligne blanche par une autre aponévrose , ce muscle dégénérant ainsi à quelque distance de cette ligne , de charnu qu'il a été ensuite de son aponévrose supérieure.

3°. *Son attache postérieure*, à l'angle antérieur des os des îles & au pubis , par une aponévrose si mince quelquefois qu'on la prendroit pour le péritoine ; mais on l'en sépare aisément pour peu que l'on y fasse attention.

4°. *Ses attaches antérieures* , au bord interne du cartilage de toutes les fausses côtes & de quelques-unes des vraies jusqu'au cartilage xiphoïde.

5°. *Ses usages* particuliers , qui font de servir comme de sangle , à l'effet de soutenir fortement tous les visceres du bas ventre.

191.   *Nota.* Il résulte de cette exposition , que la ligne blanche n'est autre chose que la réunion des aponévroses de ces trois paires de muscles. De cette réunion naît un corps un peu plus épais , & qui s'étend depuis le cartilage xiphoïde jusqu'au pubis. C'est dans le milieu de ce corps ou de cette ligne que se trouve le cordon ombilical dans le fœtus , & le nœud ombilical ou la cicatrice des vaisseaux ombilicaux dans les poulains. Du reste , les différentes aponévroses des muscles abdominaux forment , par leur réunion à la partie postérieure , un fort tendon pas-

fant fur la finuofité du pubis, traverfant le pecti-
næus , s'inférant dans l'échancrure de la cavité cotyloïde , & fe terminant dans l'échancrure de la tête
du fémur avec le ligament rond de cette articulation.

Nous ajouterons qu'il fe porte une quantité confidérable de nerfs à ces mufcles , ces nerfs étant une
continuation des derniers intercoftaux & des lombaires ; ils font volumineux & parfaitement vifibles
fur la face externe de chacun de ces mufcles , fpé-
cialement fur le tranfverfe d'où ils vont aboutir au
mufcle droit.

192. Les mufcles *droits* forment la quatrieme paire
des mufcles abdominaux. On les a ainfi nommés ,
attendu la direction droite de leurs fibres. On peut
fe les repréfenter comme deux bandes larges d'environ un demi-pied (feize centimètres), car ils
ne s'étendent point, ainfi que les autres, fur la
plus grande partie de la circonférence du coffre.

On en examinera :

1°. *La pofition* , à la partie inférieure de l'abdomen , à côté de la ligne blanche , un de chaque côté.

2°. *L'étendue* , depuis le pubis jufqu'au fternum.

3°. *L'attache* la plus folide , étant au pubis.

4°. *Le trajet* , ces mufcles fe portant de cette
attache en avant , entre l'aponévrofe du tranfverfe
& celle du petit-oblique , jufqu'à la partie antérieure de l'abdomen.

5°. *Les attaches* au sternum & aux cartilages des six dernieres vraies côtes, par plusieurs appendices charnues & aponévrotiques.

6°. *L'écartement* l'un de l'autre à la partie antérieure, tandis qu'à la partie postérieure peu s'en faut qu'ils ne se joignent.

7°. *Les interfections* ou les lignes tendineuses, qui, au nombre de neuf, interrompent la direction de leurs fibres & les divisent en plusieurs parties, ce qui étoit évidemment nécessaire, attendu leur longueur, pour que leur contraction eût plus de force & plus d'effet : ces interfections plus apparentes à la face externe qu'à l'interne, & auxquelles l'aponévrose du petit-oblique adhere fortement, tenant les fibres charnues plus réunies, & empêchant qu'elles ne se divisent & ne s'ecartent dans les gonflemens du ventre. Par elles la contraction de ces mufcles ne s'opere pas dans un même point, mais elle fe fait dans chacune de ces portions, & dès-lors l'action de ces mufcles en eft moins incommode & plus étendue.

8°. *Les ufages propres*, étant de contribuer fenfiblement à l'expiration en ramenant à eux les côtes & le fternum, & de porter, par un fens contraire, & en avant, le derriere, en tirant le baffin.

193. *Nota.* Outre les *fonctions particulieres à chacun des mufcles abdominaux*, il en eft de *communes* &

de

de *générales*, qui peuvent être déduites de leur position, de leur structure, de leur contraction ou de
leur jeu.

1°. En examinant leur force, leur direction &
leur situation, on sera convaincu qu'ils doivent
ensemble contenir, maintenir & soutenir tous les
visceres du bas ventre.

2°. En en considérant l'action & le jeu, on verra
qu'ils servent nécessairement à la respiration en tirant les côtes, & en sollicitant leur abaissement. Ils
diminuent en effet alors l'ampleur ou la capacité
de la poitrine : or cette capacité ne peut être dimi-
nuée, que l'air ne soit chassé au-dehors & l'expiration accomplie. Il ne faut pas croire au surplus que
la poitrine diminuant de volume, celui du bas-
ventre augmentera : au contraire, il diminuera de
même, la diminution du volume de la poitrine
n'étant occasionnée que par la contraction de ces
muscles, & ces muscles ne pouvant se contracter,
sans presser tous les visceres de l'abdomen, qui se
logent dès-lors dans l'espace que leur offre & que
leur fournit le relâchement du diaphragme, qui,
au moment de l'expiration, peut se prêter & être
poussé du côté de la poitrine.

3°. C'est en conséquence de cette pression alter-
native que ces mêmes muscles hâtent la digestion
& la progression des alimens, en premier lieu, de

Tome I.

l'eftomac dans les premiers inteftins, de ces premiers inteftins dans les autres, & qu'ils en procurent la déjection par l'anus, comme la fortie de l'écoulement de l'urine par l'urethre.

4°. C'eft encore conféquemment à cette même preffion qu'ils facilitent l'intrufion du chyle dans les vaiffeaux lactés, dans le réfervoir, & du réfervoir dans le torrent de la circulation ; qu'ils concourent à la fécrétion des différentes liqueurs qui fe féparent dans le foie, dans le pancréas, dans les reins & dans tous les autres filtres qui font en grand nombre dans cette cavité ; qu'ils empêchent la ftagnation du fang ; qu'ils en accélèrent la progreffion dans des parties lâches, dans des vaiffeaux remplis de circonvolutions & extrêmement fins, & où conféquemment les liqueurs feroient plus difpofées à s'arrêter ; ce qui n'arrive que trop fréquemment, pour peu que ces mouvemens foient ralentis par le défaut d'action de la part des folides, ou par le trop grand épaiffiffement de ces mêmes liqueurs, & ce qui donne lieu à prefque toutes les maladies des vifceres de l'abdomen, que l'on peut, par cette raifon, prévenir au moyen d'un exercice conftant, continuel & réglé.

L'ufage de ces mufcles, en un mot, eft également très marqué & très-néceffaire dans l'expulfion du fœtus.

SECTION II.

Des Muscles de la Génération.

194. **Nous** placerons dans la description des muscles de l'arriere-main, les muscles des *testicules*, du *membre*, & du *clitoris* dans la jument; ainsi que ceux de l'*anus* & de la *queue*.

Des Muscles des Testicules.

195. Le muscle *cremaster* est un faisceau de fibres charnues de la longueur d'un demi-pied (seize centimètres), & d'un pouce de grosseur environ (trois centimètres). On en considérera :

1°. *L'origine*, au bord postérieur du muscle oblique-interne & à l'aponévrose du *fascia-lata*, ainsi qu'à celle du transverse qui en est près.

2°. *Le trajet* : ce muscle passant derriere le bord du grand-oblique pour se joindre au cordon des vaisseaux spermatiques, cheminant & descendant avec eux jusqu'aux testicules.

3°. *L'aponévrose*, dans laquelle il dégénere près de ces mêmes testicules, aponévrose qui s'épanouissant & formant l'espece de poche qui les enveloppe, compose véritablement dans l'animal la tunique érytroïde.

P 2

4°. *Les usages*, qui font, lors de fa contraction, de tirer & d'élever les testicules.

Des Muscles du Membre.

196. Les muscles du membre font au nombre de fix, trois de chaque côté, favoir : deux *érecteurs*, deux *accélérateurs* & deux *triangulaires*.

197. Les muscles *érecteurs* pourroient, vu leurs attaches, être appellés, comme dans l'homme, *muscles ischio-caverneux*. On en obfervera :

1°. *L'attache* à la partie postérieure, fupérieure & interne de la tubérofité de l'ifchion.

2°. *Le trajet*, ces muscles defcendant obliquement de derriere en devant, en embraffant les deux branches ou les racines du corps caverneux.

3°. *Leur terminaifon*, aux parties latérales de ce même corps.

4°. *Les usages*, en fe contractant ils tirent & appliquent le corps caverneux contre l'os pubis.

Les muscles *accélérateurs* fe préfentent comme deux petites bandes charnues, très-minces, plus fortes néanmoins à l'endroit du bulbe de l'urethre qu'ils recouvrent.

On en remarquera :

1°. *La jonction* aux muscles triangulaires, au-deffous des os pubis, jonction enfuite de laquelle ils fe couchent fur l'urethre même.

2°. *L'union de l'un & de l'autre* dans le milieu de ce même canal ; union marquée par une ligne blanchâtre & tendineuse qui regne dans toute leur étendue, & ces muscles, près de leur terminaison, recouvrant encore les ligamens uréthro-coccygiens.

3°. *Les attaches*, tout le long de l'urethre au corps caverneux même, depuis le ligament inter·osseux des os pubis jusqu'à environ cinq à six travers de doigt (dix centimètres) de distance de la tête du membre.

4°. *Les usages* : ces muscles agissant sur l'urethre en commençant depuis le bulbe jusqu'auprès de l'extrémité du membre, déterminent la progression de la femence dans ce canal plus étroit au moment de l'érection, attendu le gonflement du tissu spongieux. Leur action a lieu par secousses, & selon que ces secousses sont plus ou moins fortes, vives & répétées, la femence est dardée avec plus ou moins de violence.

Les muscles *triangulaires* sont beaucoup plus petits que les autres, & répondent à ceux que dans l'homme on nomme *muscles transverses*.

Il faut en remarquer :

1°. *La position*, entre les tubérosités des ischion.

2°. *Les attaches*, un de chaque côté entre ces mêmes tubérosités.

3°. *Leur trajet* en dedans, en se portant l'un contre l'autre & diminuant de volume, ces muscles recouvrant les petites prostates & s'étendant jusqu'à la grande, en enveloppant le canal de l'urethre.

4°. *Les ufages :* ils agiffent fur les canaux éjacu-latoires & fur les proftates ; ils font avancer la fe-mence dans l'urethre & dégorger l'humeur qui fe filtre dans les proftates , & qui fe mêle avec la fe-mence. Ils peuvent auffi comprimer en partie & élargir le bulbe de l'urethre auquel ils s'attachent.

Des Mufcles du Clitoris.

198. Il eft quatre mufcles du *clitoris*, deux de cha-que côté.

Il faut confidérer dans les mufcles *premiers :*

1°. *Leur naiffance*, aux parties latérales du fphinc-ter de l'anus.

2°. *Leur trajet* de haut en bas, en recouvrant le corps caverneux.

3°. *Leur terminaifon ,* un de chaque côté , aux parties latérales du clitoris.

4°. *Leurs ufages*, qui peuvent être de relever le clitoris ; & d'une autre part on pourroit encore les envifager comme des mufcles conftricteurs.

Les mufcles *feconds ,* peuvent être comparés aux mufcles érecteurs de la verge. On en remarquera :

1°. *L'attache*, à la tubérofité de l'ifchion.

2°. *La terminaifon*, à la racine du clitoris.

3°. *Les ufages :* ils font les fonctions des érec-teurs de la verge.

Des Muscles de l'Anus.

199. Les muscles de l'anus font au nombre de trois, dont un impair & un pair.

L'impair est appellé le *sphincter de l'anus* ; il a environ deux doigts de largeur (trois centimètres & demi). Il faut en observer :

1°. *La composition :* il est composé de plusieurs trousseaux de fibres circulaires qui entourent l'intestin rectum.

2°. *La réunion* de ces fibres, qui rentrent les unes dans les autres, à la partie supérieure & à l'inférieure, ce muscle se confondant au surplus d'une part avec la peau, & de l'autre avec l'intestin même.

3°. *Les usages :* il ferme l'anus & s'oppose à la sortie involontaire de la fiente ; il cede néanmoins à la force supérieure des muscles abdominaux dans le temps des déjections.

Les muscles pairs de l'anus font plats, & de la largeur d'environ deux travers de doigt (trois centimètres & demi) : on peut dire qu'ils font bien moins considérables dans l'animal que ceux qu'on appelle les *deux releveurs* dans l'homme.

Il faut en examiner :

1°. *L'attache,* à la partie interne & supérieure de l'ischion.

2°. *Leur trajet,* de chaque côté le long du rectum.

3°. *Leur terminaison* à l'anus , où ils se confondent & se perdent dans les fibres du précédent.

4°. *Leurs usages :* ils sont les agens & les moyens par lesquels l'anus chassé & poussé en dehors au moment où l'animal fiente, est remis dans sa situation naturelle, parce qu'ils operent dans le cheval selon une ligne horisontale de dehors en dedans, tandis que dans l'homme, dont la situation est perpendiculaire, ils tirent de bas en haut.

Des Muscles de la Queue.

200. Les différens mouvemens qu'on observe dans la queue de l'animal sont opérés par le moyen de dix muscles, qui sont deux *sacro-coccygiens supérieurs*, quatre *sacro-coccygiens inférieurs* , deux *obliques* & deux *latéraux*.

On considérera dans le muscle *sacro-coccygien supérieur :*

1°. *Son attache* , à la face ou à la partie supérieure de l'éminence de l'os sacrum , à l'endroit où il présente en quelque maniere des apophyses épineuses.

2°. *Sa terminaison* , par des tendons très-courts à tous les os de la queue.

3°. *Ses usages :* on comprend que ces muscles sont les releveurs de la queue.

Des quatre muscles *sacro-coccygiens inférieurs,* deux sont *internes* & deux sont *externes.*

Il faut obferver dans le mufcle *facro-coccygien externe* :

1°. *Son attache*, à la partie latérale interne de l'os facrum.

2°. *Sa terminaifon*, par de forts tendons à la partie inférieure de tous les os de la queue.

On remarquera dans le *facro-coccygien inférieur interne* :

1°. *Son attache*, de même que le précédent, à la partie latérale interne de l'os facrum.

2°. *Sa terminaifon*, à la partie inférieure des cinq premiers des os de la queue.

Nota. Les ufages de ces mufcles confiftent à l'abaiffer.

On obfervera dans les mufcles *latéraux* :

1°. *Leurs attaches*, par des tendons aux parties latérales des apophyfes épineufes des deux dernieres vertebres lombaires, & aux parties latérales de l'os facrum.

2°. *Leur terminaifon*, par de forts tendons, à tous les os de la queue.

Enfin on examinera dans les mufcles *obliques* :

1°. *Leurs attaches*, par un tendon applati au ligament facro-fciatique.

2°. *Leur trajet*, ayant lieu obliquement de bas en haut.

3°. *Leur terminaifon*, à la partie inférieure de

l'os facrum & aux quatre ou cinq premiers des os de la queue.

Nota. Les ufages des latéraux & des *obliques* font de faire faire à cette partie des mouvemens latéraux. Tous les mufcles de la queue agiffant enfemble, elle eft tenue roide, fixe & immobile.

DES MUSCLES DE L'EXTRÉMITÉ POSTÉRIEURE.

Des Mufcles de la Cuiffe.

201. Le fémur étant articulé par genou avec les os du baffin, peut être fléchi, étendu, mu latéralement en dedans & en dehors, & même en quelque forte circulairement. Ces derniers mouvemens ne fauroient néanmoins être opérés avec autant de facilité & de liberté que dans l'articulation du bras & de l'épaule, parce que la tête de l'os dont il s'agit reçue dans la cavité cotyloïde, y eft, pour ainfi dire, comme emboîtée.

On compte feize mufcles pour la cuiffe. Ces feize mufcles font le *petit,* le *grand,* le *moyen feffier,* le *pfoas,* l'*iliaque,* le *pectineus,* le *biceps,* le *grêle-interne,* le *fafcia-lata,* le *long-vafte ;* les quadrijumeaux, qui font l'*obturateur-externe,* l'*obturateur-interne,* le *pyriforme* & les *jumeaux ;* enfin le mufcle *droit.*

202. Le mufcle *petit-feffier* fe montre le plus extérieurement. On en confidérera :

1°. *Les deux pointes* qu'il préfente à fa partie fupérieure, dont l'une eft antérieure & l'autre poftérieure.

2°. *L'attache* de la pointe antérieure, à l'angle antérieur de l'os des îles.

3°. *L'attache* de la pointe poftérieure, à l'angle poftérieur de ce même os.

4°. *L'intervalle femi-circulaire*, étant entre ces deux attaches & laiffant voir le grand-feffier, cet intervalle étant recouvert par l'aponévrofe du fafcia-lata.

5°. *La terminaifon* des deux portions réunies inférieurèment, au petit trochanter par un tendon applati.

Dans le mufcle *grand-feffier* on remarquera :

1°. *Sa pofition*, au-deffous du précédent.

2°. *Son volume*, qui eft très-confidérable, puifqu'il remplit toute la face externe des os des îles & la partie fupérieure des lombes.

3°. *Son attache fupérieure*, par une pointe charnue à l'aponévrofe du long-dorfal, à toute la crête de l'os iléon, & à toute la face externe du même os.

4°. *Sa terminaifon* au grand trochanter, & à la tubérofité du fémur.

5°. *La portion charnue* qui fe détache de ce mufcle.

6°. *La terminaifon* de cette portion, par un tendon, au petit trochanter.

Il faut envifager dans le mufcle *moyen-feffier* :

1°. *Ses attaches*, aux empreintes mufculaires qui fe trouvent au-deffus de la cavité cotyloïde.

2°. *Son trajet*, fur l'articulation du fémur dans cette cavité.

3°. *Sa terminaifon*, par un tendon, au petit trochanter.

Nota. Ces mufcles font les extenfeurs de la cuiffe.

203. Quoique le mufcle *pfoas* foit hors du péritoine, il eft néanmoins contenu dans l'abdomen.

On en confidérera :

1° *Les attaches fupérieures*, aux apophyfes tranfverfes, & aux parties latérales du corps des deux dernieres vertebres dorfales, des quatre premieres lombaires, & à la derniere fauffe côte.

2°. *Le trajet* en arrière, par-deffous ou par-devant le mufcle iliaque.

3°. *Sa fortie* de l'abdomen, en paffant fur l'arcade crurale.

4°. *Sa jonction*, avec le tendon de l'iliaque.

5°. *Sa terminaifon*, à la tubérofité interne du fémur.

Le mufcle *iliaque* eft pareillement dans l'abdomen.

On ne peut fe difpenfer d'en confidérer :

1°. *La pofition* ; il remplit toute la face interne de l'os iléon.

2°. *L'attache*, à tout le bord interne de la circonférence de cette face.

3°. *Le trajet*, ce muscle passant avec le précédent sur l'arcade crurale, & se joignant avec son tendon.

4°. *La terminaison*, à la tubérosité interne du fémur.

Le muscle *pectineus* n'est pas aussi considérable ; il est totalement hors du bassin.

On en observera :

1°. *L'attache*, au bord antérieur de l'os pubis, à sa jonction avec son semblable.

2°. *La terminaison*, à la partie moyenne & interne du fémur, au-dessous de la tubérosité interne.

Nota. Ces muscles sont les fléchisseurs de la cuisse.

204. Le muscle *biceps* tire sa dénomination des deux portions charnues ou des deux têtes (*Voyez* 88) qu'il montre à sa partie supérieure.

Il faut considérer :

1°. *L'attache* de l'une, au bord interne de l'os pubis.

2°. *L'attache* de l'autre, à la branche antérieure de l'ischion.

3°. *Le trajet* de ces deux têtes, simplement unies par un tissu cellulaire jusqu'à la partie moyenne de la cuisse, où elles ne forment alors qu'un seul & même corps.

4°. *La terminaison* de la plus petite, ou de la plus courte, un peu plus bas à la partie postérieure du fémur.

5°. *Le prolongement* de l'autre, d'où résulte une ouverture pour le passage des vaisseaux cruraux.

6°. *Sa terminaison*, par un tendon applati, à la partie supérieure & interne du tibia.

On considérera dans le muscle *grêle-interne* :

1°. *Ses attaches*, à la partie inférieure de la tubérosité de l'ischion.

2°. *Son trajet*, au-dessous du muscle biceps.

3°. *Sa terminaison*, à la partie moyenne & postérieure du fémur, à côté de sa tubérosité interne.

Nota. Ces muscles sont les adducteurs de la cuisse, c'est-à-dire, qu'ils la tirent & la portent en dedans.

205. Le muscle *fascia-lata* est placé supérieurement à la partie latérale externe de la cuisse.

On en remarquera :

1°. *L'attache fixe*, à l'angle antérieur de l'iléon, où il recouvre le bord du muscle iliaque.

2°. *Le trajet*, jusques sur le grand trochanter.

3°. *La terminaison*, à la partie moyenne & antérieure de la cuisse.

4°. *L'aponévrose* qui part de sa portion charnue ; cette aponévrose appellée *fascia-lata* à cause de son étendue, recouvrant en arrière une partie des mufcles feffiers, & fe propageant enfuite fur toute la partie externe de la cuiffe & de la jambe, en s'attachant aux mufcles qu'elle cache, enforte que ce mufcle peut faire mouvoir la cuiffe & la jambe.

Le mufcle *long-vafte* doit fon nom à fa longueur & à fon volume. On en obfervera :

1°. *L'étendue,* de l'os facrum à la jambe.

2°. *L'attache fupérieure*, à l'éminence de l'os facrum, qui eft compofé en quelque maniere de cinq apophyfes épineufes, & à la tubérofité de l'ifchion.

3°. *La pofition* : il occupe tout l'intervalle qui eft entre ce dernier os & le grand trochanter.

4°. *Le trajet* : il defcend le long de la partie externe de la cuiffe, en fe joignant au biceps de la jambe.

5°. *L'attache* qu'il contracte dans ce trajet, par un tendon, au petit trochanter.

6°. *Les trois portions* charnues qu'il préfente enfuite.

7°. *Sa terminaifon*, par une aponévrofe.

8°. *L'attache* de cette aponévrofe à la rotule.

9°. *Sa difperfion* fur les premiers mufcles de la jambe, toujours dans la partie latérale externe ; ainfi ce mufcle ne peut mouvoir la cuiffe en dehors fans y porter la jambe.

Nota. Il fuit donc que le *fafcia-lata* & ce der-

nier muscle sont les abducteurs communs de l'une
& de l'autre de ces parties.

On considérera dans le muscle *obturateur-externe* :

1°. *Son attache* , à toute la circonférence du trou
ovalaire du côté externe.

2°. *Sa terminaison* , dans la cavité qui se trouve
derriere le grand trochanter.

3°. *Son usage* , qui consiste à faire tourner la
cuisse en dedans ; action qui peut être aussi aidée
par le muscle biceps.

206. Dans le muscle *obturateur-interne* on envisagera :

1°. *Son attache* , à toute la circonférence du trou
ovalaire , du côté interne.

2°. *Son étendue* , sur la face interne de l'ischion.

3°. *Son trajet* hors du bassin , en passant sur l'é-
chancrure la moins concave de cet os , & son tendon se confondant avec celui du pyriforme.

4°. *Sa terminaison* , au même endroit que l'obturateur externe.

On observera dans les deux muscles *jumeaux* ,
l'un supérieur & l'autre inférieur :

1°. *Leurs attaches* , au bord de l'ischion & au
pubis près de la symphyse.

2°. *Leur trajet* : ils recouvrent l'obturateur-externe.

3°. *Leur terminaison* , en se confondant avec ce
dernier

dernier mufcle dans la cavité placée derriere le grand trochanter.

Eu égard au mufcle *pyriforme*, on confidérera :

1°. *Sa naiffance*, à la partie interne de l'os facrum, à l'endroit de fon articulation avec l'iléon.

2°. *Sa réunion*, avec les mufcles précédens.

3°. *Sa terminaifon* avec eux, dans la cavité placée derriere le grand trochanter.

Nota. Ces trois mufcles font les antagoniftes de l'obturateur-externe & du biceps ; ils tournent par conféquent la cuiffe en-dehors.

Le mufcle *droit* a environ cinq travers de doigt (neuf centimètres) de longueur.

On en examinera :

1°. *La fituation*, à la partie antérieure & fupérieure de la cuiffe, au-deffous du mufcle droit-antérieur de la jambe.

2°. *Son attache*, au-deffus de la cavité cotyloïde.

3°. *Sa terminaifon*, par un tendon affez grêle à la partie fupérieure & antérieure du fémur.

4°. *Son ufage*. Ce mufcle aidé par le tendon des mufcles du bas-ventre, qui va s'inférer dans l'échancrure de la tête du fémur, faifant tourner la cuiffe fur fon axe.

Nota. L'action fucceffive de tous les mufcles de cette partie, peut lui faire faire des mouvemens de rotation.

Tome I.   Q

Muscles de la Jambe.

207.   La jambe étant articulée par charniere avec la cuisse, n'est capable que des mouvemens d'extension & de flexion ; la rotule ayant d'ailleurs beaucoup de rapport avec l'action des muscles, opérant le premier de ces mouvemens.

L'un & l'autre ont lieu par l'action de neuf muscles, qui sont le *biceps*, le *demi-membraneux*, le *droit-antérieur*, le *vaste-externe*, le *vaste-interne*, le *crural*, le *long*, le *court-adducteur*, & l'*abducteur*.

208.   Les raisons de la dénomination du muscle *biceps de la jambe*, sont les mêmes que celles de la dénomination du muscle *biceps* de la cuisse (*Voyez* 204).

On en considérera :

1°. *Les deux têtes* qu'il présente à sa partie supérieure.

2°. *L'attache* de la plus longue de ces têtes, à l'extrémité de l'os sacrum.

3°. *L'attache* de la seconde, à la tubérosité de l'ischion.

4°. *Leur réunion*, pour ne former qu'un seul corps de muscle.

5°. *L'aponévrose*, dans laquelle ce corps de muscle dégénere.

6°. *Sa terminaison* par cette aponévrose, à la partie interne & supérieure du tibia.

7°. *Son adhérence* avec les autres mufcles de la partie poſtérieure de la jambe.

Le mufcle *demi-membraneux* a été nommé ainſi de l'aponévroſe qui le termine. On examinera :

1°. *Son attache* ſupérieure, aux premiers os de la queue & à la tubéroſité de l'iſchion.

2°. *Son trajet*, le long de la partie poſtérieure de la cuiſſe.

3°. *Sa terminaiſon*, par une forte aponévroſe qui s'attache au condyle interne du fémur & à la partie latérale interne de l'extrémité ſupérieure du tibia.

Nota. Ces deux mufcles ſont les fléchiſſeurs de la jambe.

209. On conſidérera dans le mufcle *droit-antérieur*:

Son attache ſupérieure, par deux tendons au-deſſus & au-deſſous de la cavité cotyloïde de l'os des îles.

Dans le mufcle *vaſte-externe* :

Son attache, à toute la partie externe du fémur depuis le trochanter.

Dans le mufcle *vaſte-interne* qui eſt du côté oppoſé :

Son attache, à toute la partie interne du fémur.

Dans le mufcle *crural* enfin :

Sa poſition : il occupe toute la partie antérieure du fémur.

Nota. 1°. que les mufcles *vaftes* & le *crural* font
tellement adhérens les uns aux autres , qu'il eft
très-difficile de les féparer. Cette adhérence augmente à la partie inférieure, où le *droit-antérieur* fe
joint auffi à eux , les tendons de ces quatre mufcles fe réuniffant & formant une forte aponévrofe
qui garnit toute la partie antérieure de l'articulation , s'attache fortement à toute la face externe
de la rotule , & fe termine à la tubérofité qui eft
à la partie antérieure du tibia.

Nota. 2°. que ces quatre mufcles font les extenfeurs de la jambe : lors de leur contraction, la rotule
gliffe fur la partie inférieure du fémur ; elle éleve
par conféquent le tendon de ces mufcles , & les
éloignant du centre du mouvement, elle donne plus
de force à leur action & à leur jeu.

210. Le mufcle *long-adducteur* eft le même que celui
que dans l'homme on appelle le *mufcle couturier.*

On en remarquera :

1°. *La naiffance,* au tendon du pfoas des lombes.

2°. *Le trajet,* obliquement par deffus les mufcles
iliaque & pfoas qu'il croife , & le long de la partie
interne de la cuiffe.

3°. *La terminaifon,* à la partie latérale & interne
de la tête du tibia , en fe confondant avec le court-
adducteur.

Le mufcle *court-adducteur* eft un mufcle affez

large qui recouvre toute la face interne de la cuiffe. On confidérera :

1°. *Son attache*, tout le long de la fymphyfe du pubis & de l'ifchion.

2°. *Sa terminaifon*, inférieurement par une large aponévrofe à la partie fupérieure & interne du tibia, qu'il recouvre prefqu'entierement.

Nota. Les ufages de ces mufcles font indiqués par le nom qui les défigne ; ils portent la jambe en dedans, pourvu néanmoins que cette partie foit fléchie.

211.   Le mufcle *abducteur* eft d'un très-petit volume. On en obfervera :

1°. *La pofition*, fous l'articulation de la jambe & de la cuiffe.

2°. *L'attache*, à la partie latérale du condyle externe du fémur.

3° *Le trajet*, dès cette attache, obliquement de haut en bas & de dehors en dedans, depuis la partie interne du tibia jufqu'à environ la partie moyenne.

4°. *La terminaifon* à cette même partie, dans les empreintes mufculaires qu'on y obferve.

5°. *L'adhérence* dans ce trajet au ligament capfulaire de cette articulation, cette adhérence mettant ce mufcle à portée d'élever ce ligament, de maniere qu'il ne peut être pincé dans les mouvemens de flexion.

6°. *Les ufages :* ils font indiqués par fon nom ; il porte donc la jambe en dedans dans le temps de la flexion , & il eft aidé dans cette action par les abducteurs de la cuiffe.

Mufcles du Canon.

212. Les mouvemens permis au canon fe bornent à la flexion & à l'extenfion , & font opérés par trois mufcles , dont un *fléchiffeur* & deux *extenfeurs*.

On envifagera dans le mufcle *fléchiffeur :*

1°. *Ses deux attaches* fupérieures ; l'une ayant lieu par un tendon très-fort dans la cavité qui eft à la partie antérieure & inférieure du condyle externe du fémur ; l'autre ne fe faifant que par des parties charnues dans la finuofité qui eft au-dehors de la tubérofité du tibia.

2°. *La réunion* prefque fubite de ces deux parties en un feul corps.

3°. *Leur trajet ,* en defcendant le long de la partie antérieure du tibia.

4°. *Leur terminaifon ,* à la tubérofité de la partie fupérieure du canon.

5°. *Les deux tendons* ou les deux *productions tendineufes* partant de cette attache , & fe portant chacune obliquement dans un ligament annulaire & particulier de chaque côté du jarret.

6°. *L'attache* du tendon ou de la production tendineufe interne, à la partie latérale & légérement poftérieure du fecond des os plats qui entrent dans la compofition de cette partie.

7°. *L'attache* de la produ&ion tendineufe externe à la partie inférieure & externe du calcaneum.

8°. *Les ufages*, fur lefquels le nom donné à ce mufcle ne peut laiffer aucun doute.

213. Le premier des *extenfeurs du canon* forme ce que l'on appelle dans l'homme les *jumeaux*. Ils doivent cette dénomination à leur ftru&ure.

On en remarquera :

1°. *Les deux corps charnus* exa&ement diftin&s, qui font à leur partie fupérieure.

2°. *L'attache* de l'un de ces corps, à la partie latérale externe de la cavité qui fe trouve à la partie inférieure du fémur.

3°. *L'attache* de l'autre, aux empreintes mufculaires qui fe trouvent à la partie latérale interne & inférieure de cet os, du côté oppofé.

4°. *La réunion* de ces deux portions en une feule, & en un tendon unique très-fort.

5°. *La terminaifon* par ce tendon, à la pointe du jarret, au-deffous du mufcle fublime ou perforé qui gliffe fur lui.

Le mufcle *extenfeur-latéral* reffemble au mufcle que dans l'homme on appelle le *mufcle plantaire;*

nous le nommons *extenfeur-latéral*, attendu fa fituation.

On remarquera dans ce mufcle très-grêle :

1°. *Ses attaches*, à la tête de l'épine du tibia, entre l'extenfeur-latéral du pied & le mufcle profond.

2°. *Son trajet* oblique, fur la partie poftérieure du tendon des jumeaux.

3°. *Sa terminaifon* au calcaneum, c'eft-à-dire, à la pointe du jarret par un tendon très-grêle renfermé dans la gaîne du tendon des jumeaux.

Nota. Les *ufages* de ces mufcles font fuffifamment indiqués par leurs dénominations.

Des Mufcles du Pied.

214. Sous la dénomination générale de *pied*, nous comprenons ici, comme dans les extrémités antérieures, le boulet, le pâturon, la couronne & le pied proprement dit.

Toutes ces différentes portions font fléchies & étendues par le moyen de fix mufcles, qui font le *fublime* ou *perforé*, le *profond* ou *perforant*, l'*oblique*, l'*extenfeur-antérieur*, le *petit-extenfeur* & l'*extenfeur-latéral*.

215. Il faut remarquer dans le mufcle *fublime* ou *perforé* :

1°. *Son attache* fupérieure, dans la cavité qui eft

au-deſſus du condyle externe du fémur, au-deſſous & entre les deux attaches des jumeaux.

2°. *Son changement*, en un tendon aſſez fort qui ſe porte au-deſſus, & paſſe ſur le tendon des jumeaux pour gagner le calcaneum.

3°. *Son élargiſſement*, en cet endroit.

4°. *L'eſpece de poulie* qu'il y forme, & qui dans ſes mouvemens gliſſe ſur cet os ou ſur cette pointe du jarret.

5°. *Les deux expanſions* tendineuſes, qui maintiennent ce tendon dans cette ſituation.

6°. *Leurs attaches*, aux parties latérales du calcaneum.

7°. *Le trajet* de ce muſcle, qui quitte enſuite cet os & deſcend en deſſus du tendon du muſcle profond.

8°. *Son attache*, à la partie inférieure & poſtérieure de l'os du pâturon, par deux tendons séparés, dans l'intervalle deſquels paſſe le ſecond fléchiſſeur, & de-là ſon nom de *perforé*.

On enviſagera dans le muſcle *profond* ou *perforant* :

1°. *Son attache* ſupérieure, à la partie poſtérieure de la tête du tibia & de ſon épine.

2°. *Son trajet*, le long de cet os juſqu'à la partie interne du calcaneum.

3°. *Son paſſage* en cet endroit, dans une échancrure pratiquée dans cet os, & fermée par un ligament.

4°. *Sa progreffion*, le long de la partie poftérieure du canon, recouvert alors par le tendon du fublime, dans lequel il paffe inférieurement après avoir gliffé fur les os féfamoïdes pour fe propager jufqu'au-deffous du pied.

5°. *Sa terminaifon* en cet endroit, par une aponévrofe qui s'épanouit & qui s'attache à prefque toute la face inférieure de cette partie.

Il faut confidérer dans le mufcle *fléchiffeur-oblique* :

1°. *Son attache* fupérieure, à la partie poftérieure de la tête du tibia, à côté du mufcle profond.

2°. *Son trajet*, oblique de haut en bas, ce mufcle gagnant la partie latérale interne de l'articulation du jarret, & paffant dans un ligament annulaire & particulier.

3°. *Sa réunion* au tendon du profond, à environ la partie moyenne du canon.

Nota. Les *ufages* de ces mufcles font faciles à faifir : ils operent la flexion du boulet, du pâturon, de la couronne & du pied.

216. On confidérera dans le mufcle *extenfeur-antérieur* :

1°. *Son attache* fupérieure, à la partie antérieure

& inférieure du condyle externe du fémur, dans la cavité qu'on y obferve.

2°. *Son trajet*, le long du fléchiffeur du canon, ce mufcle paffant fur la partie antérieure du jarret.

3°. *Le paffage* de fon tendon, dans un ligament annulaire & particulier.

4°. *Sa progreffion*, antérieurement jufqu'à fa réunion au tendon des deux mufcles fuivans.

Eu égard au mufcle *petit-extenfeur*, on remarquera :

1°. *Sa fituation*, entre le tendon de l'extenfeur-antérieur & de l'extenfeur-latéral.

2°. *Son attache*, à la partie latérale externe du jarret & au ligament de l'articulation.

3°. *Sa réunion*, au tendon de l'extenfeur-antérieur.

Le mufcle *extenfeur-latéral* eft un peu plus en dehors que l'extenfeur-antérieur.

On en obfervera :

1°. *L'attache* au condyle externe du fémur, & tout le long de l'épine du tibia.

2°. *Le trajet*, ce mufcle defcendant jufqu'au jarret, où fon tendon paffe auffi dans un ligament annulaire & particulier.

3°. *La réunion* de ce tendon, avec les tendons de l'extenfeur-antérieur & du petit-extenfeur.

4°. *Le trajet* de ces trois tendons réunis en un

feul : ils fe portent fur l'articulation du boulet , où ils contractent une adhérence avec le ligament cap- fulaire , & defcendent le long du pâturon, où fe joi- gnent à eux deux portions ligamenteufes qui en augmentent la force.

5°. *Leur attache,* par une expanfion aponévro- tique à tout le bord fupérieur de l'os du pied.

Nota. *Les ufages* de ces mufcles font connus par leurs noms mêmes.

Les mufcles *lombricaux,* font quelquefois abfens: leurs ufages & leur fituation font les mêmes qu'aux extrémités antérieures (*Voyez* 182).

RÉCAPITULATION

Des Muſcles compoſans le corps du Cheval.

Muſcles des parties dépendantes de la Tête.

12 Muſcles de l'oreille externe, ſix pour chacune.
- premier.
- ſecond.
- troiſieme.
- quatrieme.
- cinquieme.
- ſixieme.

8 de l'oreille interne, 4 pour chacune.
- premier *ou* externe.
- ſecond *ou* ſemi-circulaire.
- troiſieme *ou* interne.
- de l'étrier.

4 des paupieres, deux pour chacune.
- orbiculaire.
- releveur de la ſupérieure.

14 des yeux, 7 pour chacun.
- releveur.
- abaiſſeur.
- adducteur.
- abducteur.
- grand-oblique.
- petit-oblique.
- orbiculaire *ou* ſuſpenſeur.

17 des lévres, 7 communs aux 2 levres, & 10 particuliers à chacune.
- orbiculaire.
- molaire externe.
- molaire interne.
- cutané.
- releveur de l'antérieure.
- maxillaire.
- mitoyen antérieur.
- releveur de la poſtérieure.
- mitoyen poſtérieur.

___

55 muſcles.

55 mufcles de l'autre part.

7 des nafeaux, 3 pairs & un impair. { tranfverfal.
pyramidal.
court.
cutané.

10 de la mâchoire pof-térieure, 5 de cha-que côté. { maffeter.
crotaphite.
fphéno-maxillaire.
ftylo-maxillaire.
digaftrique.

Mufcles propres de la Tête.

22 Mufcles de la tête, 11 de chaque côté. { fterno-maxillaire.
long
petit } fléchiffeur.
court
fplenius.
grand complexus.
petit complexus.
grand droit.
petit droit.
grand & petit droit.

12 de l'os hyoïde, 5 pairs & 2 impairs. { milo-hyoïdien.
géni-hyoïdien.
fterno-hyoïdien.
hyoïdien.
ftylo-hyoïdien.
kerato-hyoïdien.
tranfverfal.

6 de la langue, 3 de chaque côté. { génioglofe.
bafioglofe.
hyoglofe.

112 mufcles.

112 muscles ci-contre.

15 du larynx, 7 pairs &
1 impair.
{ sterno-thyroïdiens.
hyo-thyroïdiens.
crico-thyroïdiens.
crico-aryténoïdiens-postérieurs.
crico-aryténoïdiens-latéraux.
thyro-aryténoïdiens.
hyo-épiglottique.

13 du pharynx, 6 pairs
& 1 impair.
{ ptérigo-palato-pharyngiens.
kérato-pharyngiens.
hyo-pharyngiens.
thyro-pharyngiens.
crico-pharyngiens.
aryténo-pharyngiens.
œsophagien.

5 de la cloison du pa-
lais & de la trompe
d'Eustache, 2 pairs
& 1 impair.
{ péristaphylins-externes.
péristaphylins-internes.
vélo-palatin.

Muscles de l'Encolure.

14 Muscles de l'enco-
lure, 7 de chaque
côté.
{ scalène.
long-fléchisseur.
long-transversal.
court-transversal.
long-épineux.
court-épineux.
peaucier.

12 . . . . . inter-transversaires, 6 de chaque côté.

1 commun à la tête, à
l'encolure & au bras.
{ muscle commun.

Muscles de l'Extrémité antérieure.

10 de l'épaule, 5 pour
chacune.
{ trapèse.
rhomboïde.
releveur-propre.
petit-pectoral.
grand-dentelé.

182 muscles.

182 muſcles de l'autre part.

20 du bras, 10 pour chacun. {
commun.
grand-pectoral.
antépineux.
omo-brachial.
poſtépineux.
grand-dorſal.
ſous-ſcapulaire.
adducteur.
long & court-abducteur.

14 de l'avant-bras, 7 pour chacun. {
long-fléchiſſeur.
court-fléchiſſeur.
long-extenſeur.
gros-extenſeur.
court-extenſeur.
petit-extenſeur.
moyen-extenſeur.

10 du canon, 5 pour chacun. {
fléchiſſeur-interne.
fléchiſſeur-externe.
fléchiſſeur-oblique.
extenſeur-droit-antérieur.
extenſeur-oblique.

12 du pied, 6 pour chacun. {
ſublime *ou* perforé.
profond *ou* perforant.
extenſeur-antérieur.
extenſeur-latéral.
lombricaux.

Muſcles du Corps.

76 du dos & des lombes. {
long-dorſal.
pſoas des lombes.
épineux-tranſverſaires.
inter-épineux.

314 muſcles.

314

314 muscles ci-contre.

107 de la respiration. $\left\{\begin{array}{l}\text{releveur des côtes.}\\ \text{intercostaux.}\\ \text{transversal.}\\ \text{du sternum.}\\ \text{long-dentelé.}\\ \text{intercostal-commun.}\\ \text{diaphragme.}\end{array}\right.$

8 du bas - ventre, 4 de chaque côté. $\left\{\begin{array}{l}\text{grand-oblique.}\\ \text{petit-oblique.}\\ \text{transverse.}\\ \text{droit.}\end{array}\right.$

Muscles de l'Arriere-main.

2 des testicules, 1 pour chacun. $\left\{\text{crémaster.}\right.$

6 du membre, 3 de chaque côté. $\left\{\begin{array}{l}\text{érecteurs.}\\ \text{accélérateurs.}\\ \text{triangulaires.}\end{array}\right.$

4 du clitoris, 2 de chaque côté. $\left\{\begin{array}{l}\text{premier.}\\ \text{second.}\end{array}\right.$

3 de l'anus. . . . . . . $\left\{\begin{array}{l}\text{sphincter.}\\ \text{pairs.}\end{array}\right.$

10 de la queue, 5 de chaque côté. $\left\{\begin{array}{l}\text{sacro-coccygiens-supérieurs.}\\ \text{sacro- coccygiens - inférieurs-externes.}\\ \text{sacro- coccygiens - inférieurs-internes.}\\ \text{obliques.}\\ \text{latéraux.}\end{array}\right.$

454 muscles.

454 muscles de l'autre part.

Muscles de l'Extrémité postérieure.

32 de la cuisse , 16 pour chacune.	le petit , le grand , le moyen } fessier. psoas. iliaque. pectineus. biceps. grêle-interne. fascia-lata. long-vaste. obturateur-externe. obturateur-interne. pyriforme. jumeaux. droit.
18 de la jambe , 9 pour chacune.	biceps. demi-membraneux. droit-antérieur. vaste-externe. vaste-interne. crural. long-adducteur. court-adducteur. abducteur.
6 du canon, 3 pour chacun.	fléchisseur. premier-extenseur. extenseur-latéral.
12 du pied, 6 pour chacun.	sublime ou perforé. profond ou perforant. fléchisseur-oblique. extenseur-antérieur. petit-extenseur. extenseur-latéral. lombricaux.

Total des muscles du corps du Cheval 522.

PRÉCIS

ANGÉIOLOGIQUE,

OU

TRAITÉ ABRÉGÉ

DES VAISSEAUX SANGUINS

DU CHEVAL.

Des Vaiſſeaux ſanguins du Cheval en général.

217. On donne, en général, le nom de *Vaiſſeaux* à
toutes celles des parties de l'animal qui, formant
des tuyaux plus ou moins longs, & d'un diamètre
plus ou moins étendu, ſervent à faire circuler des
liqueurs, & les contiennent.

Les uns & les autres de ces canaux ſont déſignés
par des dénominations tirées de leurs différences,
& qui y ſont relatives ; de-là les noms de *vaiſſeaux
ſanguins, lymphatiques, nerveux, laiteux, lactés,
ſécrétoires, excrétoires,* &c. &c.

Les premiers, c'eſt-à-dire ceux qui, contenant
le ſang, le portent du centre à la circonférence, &
de la circonférence au centre, ſont l'objet de l'*An-*

géiologie : c'eſt dans ce mouvement que conſiſte ce
que l'on a nommé la *circulation* , ſans doute pour
exprimer le cercle que ſuit & que décrit le ſang
dans ſon cours & dans ſa marche.

Le cœur en eſt le principal inſtrument ; il eſt le
principe & le terme de tous les *vaiſſeaux ſanguins*.
Ceux dont il eſt le principe , & par la voie deſquels
ce fluide eſt charié dans toutes les extrémités de la
machine , ſont ce qu'on appelle *les arteres* : ceux
dont il eſt le terme , & par la voie deſquels ce même
fluide eſt rapporté au lieu d'où il eſt porté , forment ce qu'on nomme *les veines*.

218. *Les arteres* ſont des canaux élaſtiques & actifs ,
cédant néceſſairement à l'impulſion qu'ils reçoivent du ſang , ſe reſſerrant lorſqu'ils ont été dila-
tés , & ſe racourciſſant enſuite de leur alongement.

Il n'en eſt que deux , à proprement parler , dans le
cheval comme dans l'homme , *l'artere pulmonaire* ,
& *l'aorte* ; toutes les autres ne ſont que des ramifications , des diviſions & des ſubdiviſions de celle-ci.

219. On n'eſt pas d'accord ſur la forme des *arteres* ;
quelques-uns les enviſagent comme des cônes con-
vergens , leur plus grand cercle ou leur baſe étant
au cœur , & leurs pointes aux parties auxquelles
elles ſe terminent ; d'autres prétendent qu'elles ne
préſentent qu'une ſuite de cylindres qui vont en
diminuant : ſans nous arrêter à une foule de ſubti-

lités, nous dirons que dans le cheval, la figure en eſt conoïde, en convenant cependant, qu'eu égard aux extrémités des derniers rameaux, elle pourroit être regardée comme cylindrique.

220.   Leur ſubſtance ou leur ſtructure eſt un point ſur lequel les anatomiſtes du corps humain ne ſe concilient pas davantage. Les uns en ont multiplié les tuniques à l'infini ; les autres les ont réduites à un très-petit nombre. Ici nous voyons ſimplement une membrane principale très-forte qui en fait le corps & qui les compoſe, cette membrane pouvant être partagée en preſqu'autant de feuillets qu'on le veut ; ce qui vraiſemblablement a donné lieu à la multitude de diviſions imaginées par les auteurs. Elle eſt revêtue d'une membrane celluleuſe, bien différente du tiſſu ou de l'enveloppe que l'artere emprunte de la plèvre dans le thorax, du péritoine dans le bas-ventre, &c. & elle eſt entiérement tapiſſée d'une tunique auſſi celluleuſe, mais plus fine & infiniment plus liſſe ; cette tunique eſt polie partout & ſans valvules, quoiqu'on voie quelques plis dans certains endroits vers l'origine des rameaux. Du reſte, les fibres de la membrane principale ſont à-peu-près circulaires ; car on n'apperçoit pas de vrais cercles entiérement ſéparés les uns des autres ; peut-être que le premier cercle fournit au ſecond des filets obliques.

R 3

221.   Le principe des *divifions* ou des *branches* eft différent. Les unes naiffent plus près, les autres plus
loin du cœur ; celles - ei partent de la face inférieure de *l'aorte*, celles-là de la face fupérieure,
de fes faces latérales, &c. &c.

222.   Nul ordre plus fixe & plus certain dans les angles qui en réfultent. Ici l'angle eft très-aigu, là
il l'eft moins ; en cet endroit il eft, pour ainfi dire,
obtus, &c. &c.

223.   Quant à leurs diverfes inflexions, elles font en
général peu régulieres ; néanmoins on les voit affez
conftamment ménagées dans les *arteres* de certaines
parties, telles que celles de *l'uterus*, des *inteftins*,
du *cordon ombilical*, &c. Elles peuvent être alon-
gées fans aucune incommodité, attendu leur tor-
tuofité, & c'eft ainfi que les premieres s'étendent &
fuivent une ligne droite, quand la matrice eft élargie
& diftendue par le fœtus : il en eft de même de celles
des inteftins diftendus par les vents, ou par les
matieres contenues dans le canal inteftinal ; de
celles du cordon ombilical dans les diverfes pofi-
tions du fœtus, plus ou moins éloigné du pla-
centa, &c. &c.

224.   L'union, ou plutôt la communication d'une *artere* avec l'autre, eft ce que nous appellons *anaftomofe*, foit que deux troncs, par exemple, communiquent par un rameau intermédiaire, foit que

deux *arteres* fe rencontrent comme la grande & la petite méfentérique, &c. &c.

225. Il faut encore obferver, que les *arteres* ont leurs artérioles, leurs veinules & leurs nerfs, dont les origines font différentes, felon ces mêmes *arteres*, & felon leur plus ou moins de proximité du cœur.

226. En ce qui concerne leur pofition, ces canaux font par-tout à couvert, les troncs les plus confidérables rempant le long des os & fe trouvant à l'abri de toute atteinte à la faveur des mufcles & des tégumens. J'ajouterai, qu'il eft peu d'endroits dans le corps de l'animal où l'on n'en rencontre, & les parties qui en font dénuées font, l'épiderme, les poils proprement dits, &c. &c.

227. Enfin leur terminaifon eft digne d'attention.

1°. Ces tuyaux fe divifent très-différemment à chaque partie où ils finiffent; leurs extrémités forment dans le foie des petits pinceaux; dans les véficules bronchiques, un rets admirable; dans les tefticules, des pelotons; dans les reins, des plis & des arcs; dans les inteftins, des efpeces de branches d'arbres; dans l'uvée, des anneaux & des rayons; dans le cerveau, des inflexions tortueufes; dans l'épiploon, un réfeau lâche, &c. &c.

2°. Ces mêmes tuyaux, devenus des *artérioles* qui tendent à leur fin, répandent de fréquens rameaux qui s'aminciffent au point de n'être plus suſceptibles de diviſions, & qui, en cet endroit, ſe réfléchiſſent ſur eux-mêmes, & ſe changent en veines; c'eſt ainſi que les *tuyaux veineux* ſont réellement continus aux *tuyaux artériels*.

3°. D'autres canaux de cette nature, émanans des mêmes *arteres*, ſont deſtinés à ſéparer du ſang différens fluides, & ſe terminent dans des conduits excrétoires, ſemblables aux *veines*.

4°. Une infinité d'autres vaiſſeaux, dont, ſelon pluſieurs auteurs, les *tuyaux artériels* ſont le principe, ſe rendent à différentes glandes.

5°. D'autres *arteres*, purement ſéreuſes à leur fin, ne charient que la ſéroſité, dégénerent en pores exhalans, & ſe terminent ainſi dans preſque toutes les parties du corps, dans la peau, dans les membranes qui forment quelques cavités, dans les ventricules du cerveau, dans les chambres de l'œil, dans les cellules adipeuſes, dans les véſicules pulmonaires, dans les cavités de l'eſtomac, des inteſtins, de la trachée-artere, &c. &c.

228. Les *veines* reſſemblent aux *arteres*, & en différent en pluſieurs points.

Quelques-uns n'admettent en général que deux *troncs veineux*, comme deux troncs *artériels*, la *veine pulmonaire*, & la *veine cave*; d'autres comptent ſix troncs, dont quatre de la *premiere de ces veines*, & deux de la *ſeconde*.

229. La forme en eſt auſſi conoïde , ſi l'on enviſage ces vaiſſeaux près du cœur, c'eſt-à-dire, à leur terme ou à leur fin, où ils ſont très-conſidérables; & quand on les ſuit dans leur dégénération & dans leurs diviſions à meſure qu'ils s'en éloignent, on voit que les extrémités des *veinules* ſont pareillement cylindriques.

230. Leur ſtructure eſt telle qu'ils ſont très-minces, même à leurs troncs, & qu'ils s'affaiſſent quand ils ſont abandonnés à eux-mêmes. La membrane principale qui en conſtitue le corps, eſt compoſée de fibres longitudinales & non circulaires, quelquefois très denſes en certains endroits; la tunique interne en eſt liſſe, polie; elle prête davantage que celle des *arteres;* elle eſt moins fragile, & elle devient aſſez ſouvent très-dure & très-épaiſſe dans les animaux, tels que le bœuf & le cheval: la tunique externe eſt enfin celluleuſe. Au ſurplus le diamètre de ces *tuyaux veineux* eſt plus conſidérable , leurs troncs plus nombreux , & ils ſont ſuſceptibles d'une dilatation plus grande que les *arteres.* Toutes ces différences étoient eſſentielles & indiſpenſables. La largeur & le nombre de ces canaux ſuppléent à la lenteur du ſang qu'ils charient; car s'il y eût eu égalité de diamètre & de tuyaux, ils n'auroient pu fournir au cœur autant de ſang qu'il en envoie dans les *arteres,* comme

s'il y avoit eu égalité de force dans leurs parois, ils auroient inévitablement opposé trop de résistance à ces mêmes *canaux artériels*.

Nous ne nous livrerons point ici à une infinité de calculs, ni à ce que plusieurs recherches ont pu nous apprendre de la grandeur relative de ces canaux ; il suffira de prévenir qu'on pourroit très-aisément errer en tentant de s'en assurer dans le cadavre, parce qu'il doit nécessairement arriver en lui un rétrécissement dans les *arteres* susceptibles de contraction, même après la mort, comme une augmentation de capacité dans les *veines*, qui ne sont qu'une sorte de réservoir passif d'une grande partie du fluide artériel ; ainsi, l'on comprend qu'il n'est pas possible dès-lors de saisir & de reconnoître d'une maniere certaine & positive la constante portion des diamètres.

231. En considérant le principe des *vaisseaux veineux*, on voit que les uns partent des plus petites *arteres* par des rameaux qui s'y inferent, & que d'autres viennent des pores absorbans de toute la superficie du corps, ou des cavités de l'œil, des intestins, de la poitrine, du péritoine, du péricarde, des ventricules du cerveau, &c. &c. Quant aux variétes des angles & des inflexions, elles suggerent à-peu-près les mêmes observations que l'inspection des *canaux artériels*.

232. Les *anaſtomoſes* ſont plus fréquentes & plus viſibles dans les grandes *veines ;* elles ont lieu, non-ſeulement entre les petites, mais encore entre les grandes, entre les veines voiſines, entre les droites & les gauches, les antérieures & les poſtérieures, &c. &c.

233. On a donné le nom de *valvules* à des membranes fines & tranſparentes, placées dans leurs cavités d'eſpaces en eſpaces, à diſtances inégales, & diſpoſées de façon qu'elles s'ouvrent du côté du cœur, & qu'elles ſe ferment du côté des extrémités. Ces digues ſingulieres & vraiment ſenſibles, ſont différentes & beaucoup moins épaiſſes que celles du cœur ; mais ſolitaires ou doubles, elles peuvent occuper tout le canal en ſe dilatant. Il n'en eſt ni dans les petites ramifications *veineuſes*, ni en général dans celles qui ſont dans la capacité de la poitrine & du crâne ; elles ſont plus fréquentes dans les rameaux éloignés du cœur & dans les gros troncs, où le ſang eſt obligé de remonter perpendiculairement contre ſon propre poids. On en rencontre dans la *veine porte* du cheval, & dans ſes branches capitales ; elles y ſont doubles, placées près de l'embouchure des ramifications collatérales, deux au-deſſus & deux au-deſſous de chaque ouverture. L'uſage commun des *valvules* eſt, au ſurplus, de déterminer vers le cœur toute la preſſion,

de quelque côté que les *veines* la reçoivent , tandis qu'elles empêchent le fang , auffi-tôt qu'il a enfilé le tronc , de rétrograder dans les rameaux. Elles foutiennent encore le poids de ce fluide ; elles empêchent que la colonne fupérieure ne pefe fur l'inférieure , & que le fang qui monte par les troncs ne réfifte à celui qui s'éleve par les rameaux. Enfin, elles étoient évidemment néceffaires dans la *veine porte* du cheval, non-feulement eu égard à la longueur confidérable des branches de cette *veine*, qui d'ailleurs font incapables d'une contraction affez forte pour accélérer le mouvement progreffif des fluides, mais encore, attendu leur éloignement de l'action des mufcles abdominaux , à laquelle elles ne font point auffi expofées que dans l'homme, parce que le volume monftrueux des gros inteftins, dans le cheval, amortit l'impreffion du jeu de ces mufcles ; ce qui rend ces vaiffeaux fufceptibles d'engorgemens, qui feroient encore plus fréquens fans la préfence de ces *valvules.*

234. La célérité & la continuité de la marche progreffive du fang exigeoient des agens qui fecondaffent l'action du cœur; de-là la néceffité de la force contractile (XIII) des *arteres* qui font dilatées par le fluide que ce vifcere pouffe & leur envoie au moment où il fe contracte lui-même , & qui fe contractent à leur tour au moment où il fe di-

late , & où il reçoit ce même fluide , qui revient fans ceffe à ce centre ; ainfi , le fang chaffé dans les *arteres* agit immédiatement fur elles ; & ces mêmes *arteres* , en fe contractant , réagiffent immédiatement fur lui ; & c'eft par cette voie qu'elles perpétuent la force qu'il a reçue & qui l'entraîne.

235. Il n'en eft pas de même des *vaiffeaux veineux* continus aux *canaux artériels* qui en font le principe , & dans lefquels cependant ce mouvement alternatif, d'ailleurs non effentiel à leurs fonctions, ne fubfifte point fenfiblement. Difperfés dans tous les lieux que parcourent les rameaux de l'aorte , ils reprennent le fluide pour le rapporter , de la circonférence ou des extrémités , au cœur. La fomme des *arteres* ou des *artérioles* , qui font le produit des divifions & des fous-divifions multipliées de cette même aorte , excede certainement par fa capacité celle du tronc commun , & les aires de tous ces rameaux prifes enfemble , feroient plus grandes que l'aire du vaiffeau principal ; mais foient prifes chaque *branche artérielle* en particulier , ces branches diminuant toujours en s'éloignant du tronc , il eft évident que le fluide porté aux extrémités du corps de l'animal dans le cours de chaque *ramification artérielle* , enfile conftamment des canaux plus étroits , qui lui oppofant une plus grande réfiftance , le contraignent à en forcer les

parois; ces parois, vu la contractilité naturelle des fibres dont elles font pourvues, s'exerçant enfuite fur lui en revenant fur elles-mêmes , & en fe refti- tuant dans leur état. Les *veines* recevant le fang immédiatement des *arteres* dont elles font une fuite, & leurs rameaux groffiffant à proportion qu'ils approchent du cœur, il n'eft pas moins certain que le fang *veineux* eft pouffé d'un efpace étroit dans un efpace fucceffivement plus large, il doit donc rencontrer moins d'obftacles. Or, comme il n'entre des extrémités des *canaux artériels* dans les *veines* que globule par globule, pour ainfi dire, & qu'il parcourt toujours dans fa progreffion vers le centre des diamètres plus confidérables, où, dès qu'il eft arrivé, il fe divife encore à une plus groffe maffe, il ne fauroit exciter & effectuer une dilatation fen- fible des vaiffeaux qui le contiennent : telle eft donc la raifon de la diaftole & de la fyftole des *arteres*, & du défaut de ce mouvement dans les veines, dont le tiffu, foible & lâche, eût d'ailleurs été incapable de réfifter aux forces dilatantes. Au furplus, le retour du fang qui chemine bien plus lentement dans ces mêmes canaux que dans ceux dont ils font une continuation, eft inconteftable- ment déterminé par la contraction fucceffive du cœur & des *arteres*, & merveilleufement aidé par les val- vules dont ils font garnis, par leur pofition dans l'épaisseur des muscles & près des tégumens , &c. &c.

236. Par une exception particuliere, le diamètre de la *veine pulmonaire*, ainsi que le nombre de ses divisions, sont bien moins considérables que le diamètre & le nombre des ramifications de *l'aorte* du même nom, plus petite dans l'adulte que l'*aorte*, la *veine cave* étant aussi plus vaste que l'*aorte* & *l'artere pulmonaire* ensemble. La raison de cette singularité dans les vaisseaux qui se portent aux poumons, est assez simple. Il n'est aucunes parties du corps de l'animal, comme de l'homme, qui puissent recevoir la moindre goutte artérielle, que cette goutte n'ait été exactement filtrée dans ce viscere. Toutes les liqueurs y passent une fois dans le même espace de temps qu'elles emploient à circuler, à se distribuer & à se répandre dans le reste de la machine. C'est même ici que se prépare d'avance la matiere nourriciere, puisque tout le chyle y est porté. C'est encore principalement ici que le sang se forme, & qu'il est parfaitement atténué & divisé : or nous voyons, 1°. beaucoup plus de foiblesse dans le ventricule antérieur qui le transmet dans les *arteres pulmonaires*, que dans le ventricule postérieur, d'où ensuite de son élaboration dans le poumon, il sera envoyé dans l'*aorte*; 2°. Ce sang déposé par la *veine cave* dans le premier de ces ventricules, y arrive purement *veineux*, c'est-à-

dire, dépouillé de toutes les différentes humeurs qui le rendoient propre à fournir la matiere des fécrétions ; 3°. Le ventricule gauche ou poftérieur a réellement moins de capacité que l'antérieur : ainfi, en confidérant le premier fait, on peut penfer qu'un moindre diamètre dans les *arteres* dont il s'agit eût oppofé trop de réfiftance aux efforts du ventricule qui fe trouve avoir moins de force que l'autre. En obfervant le fecond, on doit préfumer que le fang dans l'état où il eft apporté par la *veine cave* dans ce même ventricule, ne chemine qu'avec peine dans les différentes diftributions artérielles qu'il a à parcourir pour être de nouveau brifé, affiné & fubtilifé, & que la multiplicité de ces arteres n'a eu pour objet que d'en faciliter le cours. Enfin, en s'arrêtant au dernier, on peut croire que le ventricule poftérieur, où le fang élaboré doit fe rendre, étant moins ample que l'autre, ni la multitude, ni le calibre des canaux *veineux* qui le lui rapportent, ne doivent point être fupérieurs au calibre & au nombre des canaux *artériels* ; & peut-être que l'étroiteffe des *veines* fert à augmenter les chocs des particules, c'eft-à-dire, à forcer les molécules du fang apporté par les *arteres*, à fe rapprocher davantage, à fe toucher plus fouvent ou en plus de points, & à le rendre plus compact.

Des

Des Vaisseaux Sanguins en particulier.

Des Vaisseaux Pulmonaires.

237. *Les vaisseaux pulmonaires* appartiennent spécialement & particuliérement aux poumons. On considérera :

238. 1°. *L'artere pulmonaire*, sortant du ventricule droit ou antérieur du cœur.

2°. *Sa marche oblique*, en haut & en arriere, en joignant l'aorte ; ce qui constitue le tronc de cette artere.

3°. *L'étendue de ce tronc*. Elle est de cinq à six pouces (treize à seize centimètres).

4°. *Sa division en deux branches*. Le volume de la branche gauche étant plus considérable que celui de la branche droite, mais la longueur de l'une & de l'autre étant égale dans l'animal.

5°. *Le trajet de ces mêmes branches*. Chacune d'elles se rendant de son côté aux poumons, dans lesquels elles se divisent & se subdivisent à l'infini.

6°. *Le canal artériel*, ou le vaisseau de communication entre l'*artere pulmonaire* & l'*aorte* dans le fœtus. Ce canal ayant environ quinze lignes de longueur (quatre centimètres), deux ou trois lignes de diamètre (six millimètres), partant du tronc & même de l'*artere pulmonaire*, près de sa

division en deux branches, se portant de-là obliquement en arriere, & faisant une légere courbure
pour s'insérer à la partie latérale de l'*aorte postérieure*
dès son commencement, & à deux doigts (trois
centimètres) de là naissance de l'*aorte antérieure*,
s'oblitérant dans l'animal né, comme le canal veineux, & subsistant alors sous la forme d'un ligament qui est toujours dans la même situation.

239.   7°. *Les veines pulmonaires* étant le produit de la
dégénération des vaisseaux artériels en veinules,
dont le calibre, augmentant insensiblement, forme
des *veines*, leur diamètre devenant moindre que
celui des ramifications artérielles qu'elles suivent ;
ces veines se montrant ensuite sous la forme de
quatre troncs, qui s'implantent, deux de chaque
côté, ou un dans chacun des angles du *sac gauche*,
dit aussi le *sac pulmonaire* ; tous ces vaisseaux, tant
artériels que veineux, ayant accompagné, au surplus, les ramifications des bronches, sur l'extrémité
vésiculaire desquelles on voit un lacis vasculeux
non moins admirable dans le cheval que dans
l'homme.

De L'Aorte.

240.   *L'Artere pulmonaire* porte le sang du ventricule
droit ou antérieur du cœur dans les poumons. Ce
même sang reçu & repris par les *veines pulmonaires*,

eſt rapporté dans le ventricule gauche ou poſtérieur ; de ce ventricule il eſt porté dans toute l'é-
tendue du corps par un vaiſſeau dont le volume eſt
très-conſidérable, & qui ſort de ce même ventricule, en ſe montrant au côté droit de *l'artere pulmonaire*. Ce vaiſſeau n'eſt autre choſe que *l'aorte*.
On en remarquera :

1°. *Le tronc*. Il eſt de la longueur d'environ
deux pouces (ſix centimètres).

2°. *Les arteres coronaires* du cœur, ſortant immédiatement de ce tronc, & s'étendant ſur les faces
de ce viſcere, l'une à droite & l'autre à gauche.

3°. *L'artere coronaire droite* faiſant, après ſa ſortie
du tronc, quelque trajet ſur la baſe de ce viſcere,
& cheminant du côté droit entre la baſe du ſac &
du ventricule du même côté qu'elle couronne
juſqu'à la cloiſon des ſacs, où elle ſe diviſe en deux
branches, la premiere & la principale ſe portant
le long du *ſeptum*, des ventricules, & du côté droit,
en laiſſant echapper pluſieurs ramifications colla-
térales qui ſe diſperſent, & pénétrent ſenſiblement
dans la ſubſtance de cet organe juſqu'à ſa pointe :
la ſeconde, dont le volume & le calibre ſont moin-
dres, marchant poſtérieurement en entourant & en
embraſſant la baſe du ſac gauche, enſorte qu'elle
eſt entre cette baſe & celle du ventricule. Elle
fournit pareillement nombre de petits rameaux

qui fe répandent dans l'une & dans l'autre de ces cavités.

4°. *L'artere coronaire gauche*, fuivant du côté gauche à peu-près les mêmes divifions, cheminant fur la cloifon des facs, & fe bifurquant à environ deux pouces (fix centimètres) de fon origine ; la plus confidérable des deux branches réfultant de cette bifurcation, fixant la route qu'elle décrit le long de la face gauche du cœur dans la rainure qui répond au *feptum-medium*, & parvenant ainfi à la pointe de ce vifcere, où elle s'anaftomofe avec celle de l'autre face ; elle produit dans ce trajet une infinité de rameaux qui fe plongent dans les ventricules : l'autre branche chemine entre la bafe du fac gauche & celle du cœur qu'elle couronne de ce même côté, fes rameaux collatéraux fe perdant également les uns au fac, & les autres au ventricule.

5°. *La divifion de ce même tronc de l'aorte* en deux branches très - remarquables, l'une d'elles s'élevant, fe contournant & fe courbant en arriere par - deffus la divifion des arteres pulmonaires ; cette courbure formant ce que l'on nomme la *croffe de l'aorte*, & cette branche conftituant ce que l'on appelle *l'aorte poftérieure*, tandis que l'autre, qui fe porte en avant, fera nommée avec raifon *l'aorte antérieure*.

De l'Aorte antérieure.

241. *L'aorte antérieure* peut être comparée à *l'aorte supérieure* de l'homme ; elle en différe néanmoins en ce qu'elle se porte en avant & par un seul tronc l'espace de trois ou quatre travers de doigt (six à sept centimètres), tandis que dans le sujet humain, elle est d'abord fournie par trois branches , c'est-à-dire, par la carotide gauche & par les sousclavieres.

En recherchant ici les divisions de cette artere principale , & en la suivant dans ses progrès , on trouvera :

1°. *Les arteres thymiques* , partant de ce tronc unique avant sa division.

242. 2°. *Les arteres axillaires* , résultant de la division de ce même tronc en deux branches à son arrivée à l'extrémité antérieure du sternum ; ces arteres étant nommées ainsi , parce qu'elles passent sous les ars. Elles répondent aux sousclavieres de l'homme , & se distribuent dans toute l'extrémité antérieure de l'animal, le diamètre de l'axillaire gauche étant infiniment moins étendu que celui de l'axillaire droite , & cette branche donnant d'abord une ramification au péricarde.

243. 3°. *Le tronc des carotides* , étant une branche considérable qui part de l'axillaire droite.

4°. *La division de ce tronc* en deux branches égales, ayant lieu à environ trois travers de doigts (cinq centimètres) de sa naissance.

5°. *Les carotides* elles-mêmes, n'étant autre chose que ces deux branches, & montant dans l'encolure le long de la trachée-artere jusqu'à la base du crâne.

6°. *Les ramifications irrégulieres* qu'elles envoient dans ce trajet aux muscles du col & aux parties voisines.

7°. *L'artere thyroïdienne*, & les autres vaisseaux qu'elles fournissent au larynx, aux glandes parotides & maxillaires.

8°. *Leur division* en *carotide externe* & en *carotide interne*, cette division s'opérant à quelque distance de la base du crâne.

244. 9°. *La carotide externe* se divisant en six branches, qui sont, l'*occipitale*, la *maxillaire interne*, la *maxillaire externe*, l'*auriculaire*, la *temporale* & la *maxillaire postérieure*.

10°. *L'artere occipitale*, se portant au-devant de l'apophyse transverse de la premiere vertebre cervicale, & se divisant en quatre rameaux.

Le premier de ces rameaux passant au-dessous de l'apophyse styloïde de l'os occipal, & fournissant plusieurs ramifications, dont la plupart vont se perdre dans la poche membraneuse de la trompe d'Eustache & dans les parties voisines, une de ces ramifications suivant le nerf lingual dans le crâne.

Le second se portant par-dessus cette même apophyse styloïde, pénétrant par des trous pratiqués dans la substance de l'os, & se divisant, avant que d'en sortir, en diverses ramifications, dont les unes s'échappent au-dehors par de semblables trous percés dans le temporal, & se distribuent au péricrâne & au muscle crotaphite, tandis que les autres s'introduisent dans le crâne & se répandent dans les sinus occipitaux, ainsi qu'à la dure-mere ; l'une de ces ramifications s'anastomosant au surplus avec une pareille ramification de l'artere méningere, & allant se perdre dans la roche.

Le troisieme rameau sortant par le trou qui est à la partie inférieure de l'apophyse transverse de la premiere vertebre, s'anastomosant avec un rameau de la vertébrale, & se perdant dans les muscles de la tête.

Enfin, le quatrieme rameau envoyant quelques ramifications aux muscles de la tête, après avoir passé par le trou supérieur de cette même apophyse transverse, & pénétrant dans le canal spinal par le trou qui est à la base de la cavité articulaire ; il se porte dans le crâne, où il s'anastomose le plus souvent avec celui du côté opposé, & quelquefois avec les vertébrales, qu'il supplée dans le cas où celles-ci ne s'introduisent pas dans cette cavité.

11°. *L'artere maxillaire interne* fournissant, à environ un pouce (trois centimètres trois milli-

mètres) de fa naiſſance , un rameau qui va ſe
diſtribuer au pharynx, ſous le nom *d'artere pha-*
ryngienne , en donnant quelques ramifications au
voile du palais ; cette même artere maxillaire cheminant enſuite le long de la face interne de la
mâchoire , & ſe diviſant en deux branches , dont
la premiere s'inſinue dans la ſubſtance de la langue ſous le nom *d'artere ranine.* La ſeconde fournit quelques rameaux au muſcle maſſeter , au
ſphéno-maxillaire , & une ramification plus notable qui ſe propage tout le long de l'auge juſqu'au
menton , en donnant quelques rameaux aux muſcles de l'os hyoïde & de la langue ; cette même
branche paſſant ſur le bord de la mâchoire en
dehors , au deſſous du muſcle maſſeter ; il en part
d'abord une ramification qui ſe porte tout le long
de cette mâchoire juſqu'à ſon extrémité ; elle ſe
ramifie enſuite de maniere à former les *arteres*
labiales , les *arteres naſales* & les *arteres angulaires.*
12°. *L'artere maxillaire externe* ſe portant ſur
la face externe de la mâchoire poſtérieure , pénétrant & ſe diſtribuant dans le muſcle maſſeter ,
où elle communique & s'anaſtomoſe avec pluſieurs
autres vaiſſeaux. Elle donne quelques rameaux au
muſcle ſphéno-maxillaire , à la glande parotide , &
quelques-unes de ſes branches outre-paſſent la mâchoire , ſe propagent dans la bouche , & ſe diſtribuent aux gencives & au palais.

13°. *L'artere auriculaire* se ramifiant à l'oreille externe, & laissant échapper dans sa route quelques rameaux qui vont à la glande parotide.

14°. *L'artere temporale* étant au-dessous & en dehors de l'apophyse condyloïde de la mâchoire postérieure, & fournissant d'abord deux rameaux, dont le premier passant au-devant de l'oreille, & laissant échapper quelques ramifications qui se portent à cette partie, ainsi qu'à la glande parotide, s'évanouit dans les muscles voisins, tandis que le second, qui passe sous le pont jugal, se distribue aux parties qui environnent l'œil, ainsi qu'au muscle crotaphite; cette même artere temporale chemine ensuite le long de l'épine maxillaire, en s'introduisant dans le muscle masseter & dans les muscles voisins où elle se perd.

15°. *La maxillaire postérieure*, qui, plongeant dans la substance du muscle sphéno-maxillaire, lui fournit plusieurs rameaux, ainsi qu'au voile du palais. Elle pénetre dans le canal de la mâchoire postérieure; elle envoie dans sa routé des ramifications aux dents; elles sort enfin par le trou mentonnier pour se ramifier dans les parties voisines.

245. 16°. *Les nouvelles divisions de la carotide externe*, qui, après avoir donné les six branches principales que nous venons de suivre, gagne la partie latérale du sphénoïde, & laisse échapper cinq rameaux.

Le premier formant *l'artere méningere* qui pénetre dans le crâne à la faveur de la fente déchirée ,
dans l'endroit même de la fortie du cordon poftérieur de la cinquieme paire de nerfs, & laiffe échapper une ramification qui s'anaftomofe avec une ramification femblable émanant du fecond rameau
de l'*occipitale*, & fe perd dans la roche ; cette même
artere méningere marchant enfuite entre la dure-
mere & le pariétal , & fe diftribuant & fe ramifiant
fur cette membrane.

Des quatre autres rameaux , il en eft deux qui
s'évanouiffent dans le mufcle fphéno-maxillaire &
dans ceux de la trompe d'Euftache ; les autres vont
l'un à l'articulation de la mâchoire , l'autre au mufcle crotaphite.

17°. *Le trajet de la même carotide externe, enfuite de cette divifion*, dans le trou ptérygoïdien ;
cette artere, avant fa fortie de ce même trou, fourniffant l'*artere oculaire*, & celle-ci fe divifant en
deux branches, dont la premiere laiffe échapper
quantité de ramifications qui fe diftribuent aux
mufcles & à toutes les parties qui compofent le
globe, ainfi qu'une ramification plus légere qui
fuit le nerf optique jufques dans le crâne ; cette
premiere branche marche enfuite au-dedans des
falieres, & fe perd dans la peau & dans la graiffe
de ces mêmes parties.

La feconde fournit quelques ramifications à l'œil,
& s'introduit dans le crâne par le trou orbitaire interne. Elle en donne encore quelques-unes qui fuivent les nerfs olfactifs dans le nez, & elle communique enfuite avec la carotide interne, en en
envoyant plufieurs au cerveau.

246.   18°. *La divifion de cette même carotide externe
en trois rameaux après fa fortie de ce même trou* ; le
premier de ces rameaux marchant le long de la
tubérofité maxillaire, & fe perdant dans le mufcle
molaire, dans les glandes du même nom, dans le
maffeter & dans la membrane de la bouche ; les
deux autres étant connus fous la dénomination *d'artere maxillaire antérieure* & *d'artere palatine*.

19°. *L'artere maxillaire antérieure*, fourniffant un
rameau qui chemine le long de la partie inférieure
de l'orbite, fe diftribue dans les mufcles, au fac
nafal, à la conjonctive, à la paupiere inférieure,
&c., & vient s'anaftomofer avec l'angulaire ; cette
même artere pénétrant enfuite dans le conduit
maxillaire antérieur, donnant des ramifications aux
dents, & fortant enfin par le trou qui répond à
ce même conduit, pour s'évanouir dans les parties voifines.

20°. *L'artere palatine* pénétrant par le trou guftatif ou palatin, pour fe diftribuer au palais, &
donnant, avant fon introduction, deux rameaux,

dont l'un fe porte au voile du palais, & l'autre
dans le nez par le trou nafal, pour fe répandre
dans la membrane pituitaire, fous le nom *d'artere
nafale interne*; après quoi cette même artere palatine marchant le long des parties latérales de la
voûte du palais, fournit des ramifications à la membrane qui la tapiffe, ainfi qu'aux gencives; quelques-unes pénétrant par les fentes incifives pour fe
perdre dans les foffes nafales, & lorfqu'elle eft parvenue à l'extrémité inférieure de la mâchoire, elle
s'anaftomofe avec celle du côté oppofé, paffe par
le trou incifif, & fe perd dans les gencives & dans
la levre antérieure.

21°. *L'artere carotide interne*, faifant plufieurs
inflexions lors de fon entrée dans le crâne par la
fente déchirée, fe plongeant dans le finus caverneux, communiquant avec celle du côté oppofé,
fourniffant un rameau qui s'anaftomofe avec la
vertébrale, traverfant le finus dans lequel elle s'eft
plongée, fe divifant, après l'avoir traverfé, en
deux branches, dont l'une s'anaftomofe avec celle
du côté oppofé & avec *l'oculaire*, née de la carotide externe, tandis que l'autre s'anaftomofe avec
les vertébrales; toutes les deux préfentant enfuite
une multitude de ramifications irrégulieres, dont
les unes fe plongent dans la fubftance du cerveau,
les autres rampent dans fes anfractuofités, & s'y

trouvent foutenues par la pie - mere, qui reçoit
auffi, de même que la dure-mere, quelques-uns
de ces vaiffeaux. Il eft encore un rameau de cette
même artere carotide, qui, fortant du crâne, fe
porte dans le globe de l'œil, & pénetre dans la
cornée, en accompagnant le nerf optique. Au
furplus, cette même carotide fournit à tous les
nerfs des artérioles qui les accompagnent dans leur
marche, comme la carotide externe en fournit qui
fuivent ces mêmes nerfs du dehors au-dedans du
crâne.

248.   22°. *L'artere axillaire gauche*, fourniffant le plus
fouvent, dès fon principe, cinq branches, que
nous nommerons *dorfale, cervicale fupérieure, vertébrale, thorachique interne & thorachique externe*;
nous parlerons enfuite des deux rameaux qu'elle
donne dès fa fortie du thorax, & que nous diftin-
guerons par les noms d'*artere cervicale inférieure* &
d'*artere fcapulaire*.

23°. *L'artere dorfale*, envoyant d'abord une ramification au médiaftin, fourniffant la feconde
intercoftale, donnant bientôt après un rameau, qui,
fe portant en arriere, produit la troifieme, quatrieme & cinquieme intercoftale, & fe perd dans
les parties voifines; cette même dorfale fortant de
la poitrine par l'intervalle que laiffent entr'elles
la feconde & la troifieme côte pour fe répan lre

dans les muscles grand dentelé, splenius, complexus, ainsi que dans le ligament cervical, &
dans toutes les parties du garrot.

24°. *L'artere cervicale supérieure* sortant de la
poitrine entre la premiere & la seconde côte, donnant la premiere intercostale, passant dessous le
muscle court-transversal, marchant tout le long du
ligament cervical & de la face interne du complexus, fournissant dans ce trajet des ramifications
à toutes les parties qu'elles rencontre, & s'évanouis-
sant enfin près de la premiere vertebre.

25°. *L'artere vertébrale*, s'insinuant à deux ou
trois pouces (six à neuf centimètres) de son origine
dans les vertebres cervicales par les trous qui sont à
leurs apophyses transverses, elle chemine jusqu'à
la partie supérieure de la premiere vertebre. Là, il
s'en détache un rameau qui s'anastomose avec le
troisieme rameau de l'occipitale, & s'évanouit comme lui dans les muscles de la tête. Le plus souvent
ces mêmes vertébrales s'y perdent aussi ; d'autrefois
elles pénetrent dans le crâne par le trou vertébral,
formé par la premiere & la seconde vertebre, & elles
s'anastomosent. De cette réunion résulte le tronc
vertébral qui communique avec les deux occipitales ; elles se séparent ensuite pour se réunir bientôt, après quoi elles se subdivisent en une multitude de ramifications qui se répandent dans la subs-

tance du cervelet, & dont quelques-unes communiquent avec des rameaux de la carotide interne. La plus réguliere est celle qui, du tronc vertébral, vient se plonger dans le canal de l'épine en faveur de la moëlle épiniere ; celle-ci forme *l'artere spinale* qui marche le long de la partie antérieure de cette moëlle, & lui fournit dans ce trajet, ainsi qu'à ses enveloppes, nombre de petites artérioles. Il est encore un petit rameau qui, naissant de ce même tronc vertébral, accompagne le nerf auditif dans l'organe de l'ouïe. Quelquefois une seule artere *vertébrale* pénetre dans le crâne & s'associe avec l'*occipitale* ; mais dans la circonstance où ni l'une ni l'autre ne s'y introduisent, les *occipitales* en font les fonctions & fournissent *l'artere spinale*, au lieu de leur réunion.

26°. *L'artere thorachique interne.* De sa premiere division, qui a lieu peu de temps après sa naissance, résulte la *thorachique externe* ; elle se porte ensuite le long des parties latérales & internes du sternum, en passant sur les cartilages des côtes. Dans ce trajet elle envoie des ramifications au médiastin, & il s'en détache des rameaux très-sensibles, dont les uns, s'échappant au-dehors, se distribuent aux muscles grand & petit pectoral ; les autres gagnent le bord postérieur des côtes, & se perdent dans les muscles intercostaux. Cette

même *artere thorachique interne* parvenue au cartilage xiphoïde, donne un rameau considérable qui
sort de la poitrine, chemine le long de la face interne du muscle droit, & s'anastomose avec *l'abdominale* ; elle poursuit ensuite sa route jusqu'à la
derniere des fausses côtes, à chacune desquelles
on la voit départir des ramifications, ainsi qu'au
diaphragme.

27°. *L'artere thorachique externe*, dont la naif-
sance, est, ainsi que nous l'avons dit, due à la
thorachique interne, mais qui part quelquefois de
l'axillaire gauche ; elle se porte le long des parties
latérales du thorax, & se distribue dans tous les
muscles qui couvrent cette partie.

28°. *L'artere cervicale inférieure*, cheminant en-
devant & au-dedans de tous les muscles de l'encolure, & fournissant dès son principe une ramification qui marche à la trachée-artere & à l'œ-
fophage.

29°. *L'artere scapulaire* se propageant entre l'é-
paule & la poitrine, se portant également aux mufcles de l'une & de l'autre, soit en-dedans, soit en
dehors de l'omoplate, en envoyant quelques rameaux à l'articulation de cette partie avec le bras
& plusieurs autres aux muscles extenseurs de l'a-
vant-bras.

249. 30°. *L'artere axillaire droite* ne fournissant que
les

les *carotides* & la *cervicale supérieure*, & non autant de branches que l'*axillaire gauche*.

31°. *L'artere cervicale supérieure* laissant échapper dès son principe deux rameaux, dont le premier accompagne le nerf diaphragmatique jusqu'à sa fin, & envoie quelques ramifications à la trachée-artere, à l'œsophage, au médiastin & au péricarde, tandis que l'autre perce la partie supérieure de cette enveloppe, pour gagner la face concave du poumon, dans lequel elle se ramifie. Cette même artere cervicale fournit encore *la dorsale*, qui, par conséquent, n'émane point de l'axillaire comme la dorsale opposée. Cette branche est d'abord le tronc de la seconde intercostale, & ensuite elle donne la troisieme & la quatrieme ; quelquefois aussi cette artere & la cervicale, qui en est le principe, passent par l'intervalle de la premiere & de la seconde côte, & cheminent comme la dorsale gauche & la cervicale inférieure.

250. 32°. *L'artere brachiale ou humérale*, qui n'est autre chose que l'axillaire arrivée à la partie interne du bras où elle prend ce nom ; cette artere, dès son principe, laissant échapper quelques branches qui entourent l'articulation de cette partie & de l'épaule, descendant de-là le long de la partie interne de l'humerus jusqu'au coude, où nombre de ramifications s'en détachent pour aller aux muscles voi-

Tome I.   T

fins, paffant enfuite fur la partie antérieure de l'articulation du bras & de l'avant-bras, & donnant une branche qui chemine le long de la partie latérale externe du cubitus jufqu'à l'articulation du genou, & dont plufieurs ramifications, qui fe portent aux mufcles extenfeurs du canon & du pied, font des émanations. Cette même *artere humérale* fe contournant en arriere, gagnant la partie poftérieure du cubitus, le long duquel elle fe porte en defcendant toujours, & fourniffant fans ceffe des rameaux aux mufcles qu'elle rencontre.

Lorfqu'elle eft parvenue à la partie inférieure de ce même os, elle laiffe échapper un rameau qui marche le long de la partie poftérieure du canon, & s'anaftomofe avec les arteres articulaires du boulet, & dans fa marche avec une ramification du tronc principal; les rameaux qui entourent l'articulation du genou étant au furplus nommés *arteres poplitées*, & le tronc de cette même *humérale* paffant derriere cette articulation, dans un anneau formé par l'os crochu & par un ligament annulaire. Il rampe poftérieurement le long du canon jufqu'au-deffus du boulet.

35°. *Les arteres articulaires* naiffant de l'endroit de la bifurcation de l'*humérale*, au deffus de cette même partie, & fe divifant en quatre rameaux, dont deux font deftinés aux parties de l'articulation, & deux autres remontent & s'anaſtomoſent avec ceux dont nous avons parlé.

34°. *Les arteres latérales* réſultant de la bifurcation même, & étant deux branches égales ſortant de l'intérieur de la jambe, paſſant de chaque côté de l'articulation du boulet, quoiqu'un peu en arriere, deſcendant le long de la partie poſtérieure du pâturon juſqu'à la couronne, & fourniſſant des ramifications qui s'anaſtomoſent entr'elles, tant à la face antérieure qu'à la face poſtérieure de ces parties. Elles envoient auſſi chacune une artériole aux talons.

35°. *L'artere plantaire*, qui eſt une des branches de la diviſion des arteres latérales à la couronne, cette artere cheminant poſtérieurement à l'autre branche de cette diviſion, & ſe plongeant dans le pied où elle s'anaſtomoſe avec celle du côté oppoſé, en laiſſant échapper de chaque côté un rameau qui s'anaſtomoſe ſur la pince avec celui du côté contraire.

36°. Enfin, les *arteres coronaires du pied* partant auſſi de cette même diviſion, cheminant antérieurement à la *plantaire*, & ſe portant autour de la couronne ; leur anaſtomoſe étant encore plus ſenſible ſur le contour de cette partie & à ſa face antérieure, & leurs nombreuſes ramifications pénétrant & ſe répandant dans toute l'étendue du pied.

T 2

De l'Aorte postérieure.

251. *L'aorte postérieure* après sa courbure, ou après la crosse, gagne le corps des vertebres du dos, le long duquel elle marche un peu à gauche jusques dans l'abdomen. En la suivant dans sa marche & dans ses différentes divisions, on considérera:

1°. *Les arteres bronchiques*, naissant de sa partie supérieure à quelque distance de sa courbure, près de la premiere intercostale, qui, le plus souvent, naît de cette premiere artere; ces arteres bronchiques comprenant plusieurs petites branches qui vont aux poumons, & qui accompagnent les vaisseaux aériens jusqu'à leurs dernieres divisions. Elles envoient des ramifications au péricarde & à l'œsophage.

2°. *Les arteres œsophagiennes*, envoyées du même lieu par l'*aorte* à l'œsophage, & dont la plus considérable marche le long de sa partie postérieure, & s'anastomose avec un rameau de la gastrique, ces arteres naissant quelquefois des bronchiques.

3°. *Les arteres intercostales*, au nombre de quatorze ou quinze de chaque côté seulement, la premiere étant due à la cervicale supérieure, la seconde, la troisieme, la quatrieme & la cinquieme à la dorsale gauche, & la seconde, la troisieme & la quatrieme, du côté opposé, à la dorsale droite;

les autres qui fourniffent auffi des artérioles au dos & à la moëlle épiniere, naiffant de la partie fupérieure de l'aorte dans le thorax, à l'exception de la fixieme & de la cinquieme du côté droit, qui émanent de la premiere intercoftale de ce même côté, après qu'elle a donné une ramification, qui fe diftribue à la trachée, à l'œfophage & au péricarde. Il en naît enfuite encore un rameau plus confidérable, qui va fe perdre dans les mufcles du dos.

252. 4°. *Le trajet que fait l'aorte* du thorax dans l'abdomen par l'ouverture réfultant de l'intervalle ou de l'écartement des deux pilliers du diaphragme ; cette artere continuant fa marche fous les vertebres des lombes jufqu'à l'os facrum.

5°. *Les arteresdiaphragmatiques*, émanant de ce tronc à fa fortie par le diaphragme, & dès fon entrée dans le bas-ventre, & quelquefois dans fon paffage même, fouvent par une petite branche qui fe divife en deux ou trois rameaux, fouvent auffi par trois rameaux diftincts & féparés, ces arteres s'évanouiffant dans le mufcle dont il s'agit.

6°. *L'artere cœliaque*, formant une branche remarquable donnée par l'aorte, un peu en arriere du lieu de fa fortie, & fe divifant auffi-tôt pour fournir l'artere *hépatique*, l'artere *gaftrique* & l'artere *fplénique*.

7°. *L'artere hépatique* fe portant dans le foie, &

laiffant échapper, avant· de fe plonger dans ce vifcere, quèlques ramifications qui fe diftribuent au
pancréas & au canal hépatique : *l'artere gaftro-
épiploïque droite*, qui marche le long de la grande
courbure de l'eftomac, & qui fe propage dans
l'épiploon, lui doit fa naiffance, ainfi que l'artere
pylorique, formée d'un petit rameau qui gagne
le pylore.

8°. *L'artere gaftrique*, cheminant dans la petite
courbure de l'eftomac entre les deux orifices, fous
le nom d'*artere coronaire ftomachique*, fe difperfant
dans la plus grande partie de ce vifcere, s'anaftomofant avec d'autres arteres, & donnant une ramification qui fe propage le long de l'œfophage
& s'anaftomofe avec l'œfophagienne.

9°. *L'artere fplénique*, gagnant la rate, fourniffant dans fon trajet *les arteres pancréatiques*, nommées ainfi, parce qu'elles vont au pancréas, & *les
vaiffeaux courts* auxquels nous confervons ce nom,
quoiqu'ils s'en faut bien qu'ils aient ici proportionnément la même briéveté que dans l'homme; ils
vont au grand cul-de-fac du ventricule; enfin elle
donne la *gaftro épiploïque gauche*, qui fe porte à
l'épiploon & à ce vifcere, & qui communique le
long de fa grande courbure avec la *gaftro-épiploï-
que droite*.

10°. *Le tronc de l'artere méfentérique antérieure*,

partant de la partie inférieure de l'aorte , trois
doigts (cinq centimètres) au-deſſous de la *cœliaque* ;
ce tronc ſe trouvant conſtamment dilaté & tor-
tueux, de maniere qu'on pourroit regarder cette
dilatation comme une dilatation anévriſmale ou
contre nature, ſi cette ſingularité ne ſe montroit
pas également dans tous les chevaux.

11°. *L'artere méſentérique antérieure*, naiſſant de
ce tronc dilaté, envoyant une branche au pancréas,
& ſe diſtribuant au méſentere & aux inteſtins, le
plus grand nombre de ſes ramifications étant re-
ſervé aux inteſtins grêles, quelques-unes ſe portant
à l'épiploon, & quelquefois au ventricule ; les autres branches plus notables étant deſtinées aux
gros inteſtins, l'une d'elles s'anaſtomoſant, comme
dans l'homme, avec une branche de la méſentérique poſtérieure, & deux autres plus conſidérables marchant tout le long des grandes portions du colon, & s'anaſtomoſant à l'endroit de
la ſeconde courbure, cette anaſtomoſe eſt des
plus marquées.

12°. *Les arteres émulgentes ou rénales*, quelquefois au nombre de deux, venant des parties latérales de l'aorte, en arriere de la méſentérique antérieure, & ſe plongeant ſur-le-champ dans les
reins ; celle du côté droit étant plus longue que
la gauche.

T 4

15°. *Les arteres capſulaires ou ſurrénales*, fournies par les *émulgentes* dès leur principe, & ſe diſtribuant aux reins ſuccinturiaux.

14°. *Les arteres adipeuſes*, partant des mêmes
émulgentes, & ſe diſtribuant dans la graiſſe.

15°. *L'artere méſentérique poſtérieure*, ſortant de
l'aorte cinq ou ſix travers de doigt (dix centimètres) après & en arriere des *émulgentes*. Elle
eſt beaucoup moindre que l'antérieure, & ſe répand dans les gros inteſtins ; une de ſes premieres
diviſions remonte & s'anaſtomoſe avec une branche de la grande méſentérique ; les dernieres ſe
portent au rectum & à l'anus.

16°. *Les arteres ſpermatiques premieres*, naiſſant
un peu après celle-ci, & toujours en arriere ; ces arteres, dans le cheval, ſortant de l'abdomen comme
dans l'homme, par l'anneau du muſcle oblique
externe, faiſant pluſieurs inflexions, & ſe diviſant
à leur arrivée près des teſticules en pluſieurs branches, les unes allant à l'épididyme, les autres aux
teſticules mêmes ; ces mêmes arteres naiſſant très-
ſouvent, tant dans le cheval que dans la jument,
avant la méſentérique poſtérieure, & ſe portant
dans la femelle par un trajet plus court aux ovaires
dans leſquels elles ſe diſtribuent.

17°. *Les arteres lombaires*, au nombre de cinq
ou ſix rameaux ſeulement, ſortant de la partie ſupérieure de l'aorte & de chaque côté, ſe perdant

dans les lombes , principalement dans les muscles de l'abdomen , & envoyant des ramifications au dos & à la moëlle épiniere.

253. 18°. *La division de l'aorte lors de son arrivée à la derniere vertebre lombaire.* Là elle se partage en quatre branches ; les deux premieres sont les *iliaques externes ;* les deux autres , les *iliaques internes.* Cette division differe de celle que l'aorte offre ici dans le corps humain ; car on n'y voit en effet d'abord que deux branches nommées *iliaques communes ,* & qui se subdivisent ensuite plus bas en *externes* & en *internes.*

254. 19°. *L'iliaque interne ,* fournissant à une distance d'environ deux pouces (six centimètres) de son principe , deux branches , gagnant ensuite le long de la partie interne du bassin , se divisant encore en deux rameaux , & se partageant enfin de nouveau en deux branches à l'angle inférieur de l'iléon.

20°. *L'artere honteuse interne,* née de sa premiere division , donnant dans sa marche deux rameaux ; le premier constituant *l'artere ombilicale* qui passe au-dessous de l'urethre , gagne la partie latérale de la vessie , & se porte sur le fond de cette poche , où elle se confond dans l'ouraque avec celle du côté opposé. On sait que dans le fœtus ces deux arteres forment le cordon ombilical. Dans le cheval adulte, elles se trouvent souvent oblitérées; & dans l'homme ces mêmes vaisseaux oblitérés , au lieu de se terminer à la vessie , se portent très-distinctement jusqu'à l'ombilic.

Quant au second des rameaux émanant de cette même artere *honteuse interne* , il se porte aux parties latérales & postérieures de la vessie , & s'y distribue , ainsi que dans les vésicules séminales & dans les prostates.

L'artere dont il s'agit poursuivant ensuite sa route en dessus de la tubérosité de l'ischion , laisse échapper quelques rameaux allant au rectum & à ses muscles ; après quoi , elle pénetre dans le bulbe de l'urethre où elle s'évanouit. Elle peut être comparée à l'artere honteuse interne de l'homme. Il faut observer que dans la jument, elle fournit *les arteres vaginales* , & se partage en deux rameaux , dont l'un chemine entre les branches du clitoris , & se ramifie sur les parties extérieures de la génération , tandis que l'autre se répand sur le tissu spongieux d'où résulte le corps caverneux , ainsi que dans le vagin.

21°. *L'artere sacrée* , étant aussi une branche de la premiere division de *l'iliaque interne* , cheminant le long de la partie latérale interne de l'os sacrum , donnant des rameaux qui passent dans les trous de cet os pour se distribuer dans le canal de l'épine , fournissant ensuite *l'artere coccygienne* , qui va se perdre dans les muſcles de la queue , & ſortant enfin du baſſin pour ſe jeter & pour s'évanouir dans les muſcles de la cuiſſe & de la jambe.

22°. *Les deux rameaux* émanans de la ſeconde diviſion de cette même *iliaque* dans ſon trajet le long de la partie interne du baſſin , l'un de ces rameaux ſe portant le long de la face interne de l'iléon , & ſe perdant dans cet os & dans les parties voiſines ; l'autre formant *l'artere feſſiere* , qui paſſe par l'échancrure ſciatique , & s'évanouit dans les muſcles feſſiers & dans quelques muſcles voiſins.

23°. *Les deux branches* enfin , partant de la troiſieme diviſion de *l'iliaque* parvenue à l'angle inférieur de l'iléon ; la premiere ſortant du baſſin par l'échancrure crurale , par-deſſus le tendon du muſcle pſoas des lombes & par-deſſus le muſcle iliaque , & ſe perdant dans le muſcle moyen feſſier & dans les muſcles extenſeurs de la jambe ; la ſeconde formant *l'artere obturatrice* : celle-ci chemine le long de la face interne du pubis , à côté des véſicules ſéminales & de la veſſie ; elle ſort du baſſin par le trou ovalaire , en perçant le muſcle obturateur , & elle ſe diviſe en deux rameaux ; le premier va ſe perdre dans le corps carverneux , ſous le nom *d'artere caverneuſe* ; le ſecond ſe répand dans les muſcles qui ſont à la partie interne

de la cuiffe. Dans la jument, cette même obturatrice ne laiffe échapper qu'une légere ramification,
qui fe porte & s'évanouit dans les branches du
clitoris.

255. 24°. *L'artere iliaque externe*, fourniffant *l'artere
utérine* dans la jument, & *l'artere fpermatique feconde* dans le cheval, ainfi que la *petite iliaque*,
qui, après s'être répandue dans le mufcle du même
nom, eft dirigée près de l'angle antérieur de l'iléon,
& fe divife en deux rameaux, dont l'un s'évanouit
dans les mufcles abdominaux, tandis que l'autre
fort du baffin pour fe diftribuer au fafcia-lata : cette
même *iliaque externe* paffant au furplus par-deffus
les mufcles de l'abdomen, & fourniffant, lors de
fon arrivée à l'arcade crurale, l'artere *abdominale*,
dont émane l'artere honteufe externe, ainfi qu'un
rameau qui fe porte aux mulcles de la cuiffe.

25°. *L'artere fpermatique feconde* envoyant
d'abord plufieurs ramifications à l'uretere, aux
véficules féminales & à la veffie, gagnant enfuite
le cordon fpermatique auquel elle fe joint pour
fortir par l'anneau de l'oblique externe avec *l'artere
fpermatique premiere* ; elle ne forme point les inflexions qu'on remarque dans celle-ci ; elle marche
droit, & fe plonge ainfi jufques dans le centre du
tefticule.

26°. *L'artere utérine*, naiffant comme la *fperma-*

tique feconde du cheval du côté oppofé à la *petite iliaque* ; elle eft très-confiderable dans la jument pleine ; elle marche entre la duplicature des ligamens larges , & fe diftribue dans les cornes & dans le corps de la matrice.

27°. *L'artere abdominale*, régnant le long des parties latérales du baffin fur le bord duquel elle chemine ; elle fort de l'abdomen par-devant les os pubis , fe porte le long de la face interne du mufcle droit , & s'anaftomofe avec la *thorachique interne*.

28°. *L'artere honteufe externe*, fortant par l'arcade crurale , fe portant aux parties externes de la génération , aux glandes inguinales , à la peau , & fe propageant jufqu'à l'extrémité de la verge ; elle fe perd dans le tiffu fpongieux de fa tête. Dans la jument , cette artere fe porte entiérement aux mammelles , & elle s'y évanouit ; elle y conftitue *l'artere mammaire*.

256. 29°. *Les arteres crurales*, n'étant que les *iliaques externes*, qui changent de nom dès qu'elles fortent de l'abdomen pour fe porter le long de la partie interne de la cuiffe.

30°. *Les arteres mufculaires*, échappées de l'artere crurale peu de temps après , & fe perdant dans cette partie.

31°. *Le nombre des ramifications* que l'artere

crurale donne dans fa route à toutes les parties qu'elle rencontre.

32°. *Les arteres articulaires*, naiffant de l'*artere crurale* qui fe contourne à la partie inférieure de la cuiffe pour paffer derriere le fémur, & qui donne ces mêmes arteres dès qu'elle approche de l'artilation de cet os.

33°. *L'artere tibiale poftérieure*, fournie par la même *crurale* bientôt après la naiffance des *articulaires*; cette même *artere tibiale poftérieure* marchant le long de la partie poftérieure & interne du tibia au-deffous du mufcle fléchiffeur oblique du pied jufqu'à l'articulation du jarret où elle gliffe dans la finuofité du calcaneum, & s'anaftomofe au-deffous de cette articulation, d'une part, avec la *tibiale antérieure*; & de l'autre, avec des rameaux de l'*artere articulaire* du boulet qu'elle rencontre.

34°. *L'artere tibiale antérieure*, émanant de la *crurale* comme la précédente, fe contournant de derriere en devant, marchant le long de la partie antérieure du tibia au-deffous du mufcle fléchiffeur du canon, donnant, lorfqu'elle eft parvenue au-devant de fon articulation, un rameau qui paffe entre les os du jarret & la tête du péronné externe; ce rameau gagne la partie poftérieure du canon, s'anaftomofe avec la *tibiale pofté-*

rieure, & se perd à cet os. Cette même *artere tibiale* chemine ensuite obliquement sur la partie latérale externe du canon près du péronné : lorsqu'elle touche à sa partie inférieure, elle passe entre ces deux os pour arriver à la portion postérieure du premier d'entr'eux par-dessous le ligament & le tendon fléchisseur du pied ; elle se ramifie sur le boulet, & elle se bifurque comme dans l'extrémité antérieure pour fournir les *arteres latérales*. Celles-ci régnent à côté de l'articulation du boulet & le long du pâturon jusqu'à la couronne ; elles se divisent ensuite en *arteres coronaires* & en *arteres plantaires*, & les unes & les autres se distribuent & s'anastomosent, ainsi que nous l'avons vu dans les pieds antérieurs.

Des Veines.

257. Les *veines* étant une suite des canaux artériels, le cœur en est le terme. Elles y aboutissent par des troncs composés de la réunion d'une multitude de ramifications, qui, venant de différens endroits, remplies du sang qu'elles ont reçues des arteres, sont convergentes à mesure qu'elles approchent de ce viscere. Tel est le nombre de ces ramifications, des rameaux & des branches qui successivement en résultent, que l'on ne peut se former une idée simple & nette des divisions & de la distribution des ca-

naux veineux en les confidérant dans leur principe ;
il s'agit donc de les envifager à leur fin comme fi
les troncs fourniffoient les divifions, qui, bien loin
d'en émaner & d'en partir, s'y terminent. Cet ordre, qui, relativement aux *arteres*, eft conforme
aux loix que fuit le fang dans fa marche, femble,
relativement aux *veines*, bleffer ces mêmes loix ;
mais il eft fuggéré par la néceffité d'éviter la confufion qui naîtroit de l'examen qu'on en feroit, fi on
entreprenoit d'en fuivre la progreffion en partant
de leur origine, & d'ailleurs il eft aifé de fe rap-
peller toujours que tous ces canaux *veineux* font
chargés de rapporter ce fluide de la circonférence
au centre.

De la Veine Cave.

258. *La veine cave* part, d'un côté, de la partie antérieure & fupérieure du fac droit, & de l'autre,
de la partie poftérieure de ce même fac. Le tronc
qui fe propage antérieurement forme ce que l'on
appelle la *veine cave antérieure*, & celui qui fe propage poftérieurement, eft ce que l'on nomme la
veine cave poftérieure.

De la Veine Cave antérieure.

259. La *veine cave antérieure* partant du fac droit,
ainfi que nous venons de l'obferver, forme un
tronc très-confidérable, qui monte & s'éleve au

côté

(305)

côté droit de l'aorte antérieure jufqu'auprès de la division de cette artere en axillaire.

On confidérera :

1°. *La veine azygos*, venant de la partie fupérieure de ce tronc, fe portant en arriere le long des vertebres dorfales, un peu du côté droit, & fe terminant environ à la derniere de ces vertebres ; cette *veine* fourniffant, au furplus, toutes les *intercoftales poflérieures*, qui partent de chaque côté de ce même tronc.

2°. *La veine cervicale fupérieure*, partant de ce même tronc, fourniffant la premiere *intercoftale* & la *dorfale*, & celle-ci donnant les 2ᵉ. 3ᵉ. 4ᵉ. & 5ᵉ. *intercoftales*. Cette même *cervicale* accompagnant l'artere du même nom jufqu'à fes dernieres ramifications.

3°. *La veine dorfale*, paffant entre la feconde & la troifieme côte, & fe diftribuant aux mufcles de l'omoplate, du cou & du dos.

4°. *Les veines vertébrales*. La *vertébrale* du côté droit naiffant de ce même tronc, accompagnant jufques dans le cerveau l'artere du même nom, paffant comme elle dans les trous vertébraux & communiquant avec les *occipitales* ; la *vertébrale* du côté gauche étant fournie par la cervicale fupérieure.

5°. *Les veines fpinales*, dues aux *veines vertébrales*

dans leur trajet, & répondant dans la moëlle de l'épine.

6°. *Les veines médiaſtines & thymiques* ſe portant, les unes au médiaſtin, & les autres au thymus.

7°. *Les thorachiques internes*, partant de la partie extérieure du tronc, avant ſa diviſion en *axillaires*, ſuivant les arteres du même nom le long des parties internes & latérales du ſternum; elles naiſſent quelquefois des *axillaires*.

260. 8°. *La diviſion de la veine cave antérieure à ſa ſortie du thorax*, par-deſſus le ſternum & au devant de la diviſion de l'*aorte antérieure* en *axillaires*, cette veine fourniſſant quatre branches principales, qui ſont les *jugulaires* & les *axillaires*.

9°. *Le tronc de la veine jugulaire*, qui, après s'être ſéparée de la *veine cave*, donne la *cervicale inférieure*, qui ſuit l'artere du même nom juſqu'à ſes dernieres ramifications.

261. 10°. *La veine des ars*, partant de la *jugulaire* à environ un pouce (trois centimètres) de ſa naiſſance, & formant celle que l'on nomme *céphalique* dans l'homme. Elle deſcend le long de la face interne du bras: parvenue à l'articulation du coude, elle s'anaſtomoſe avec un rameau de la *brachiale interne*, & pourſuit ſon trajet le long de la partie latérale interne. Elle chemine juſqu'à la partie poſtérieure du cubitus, en laiſſant échapper des rami-

fications qui se distribuent dans les muscles qu'elle rencontre : arrivée au genou, elle en donne une autre qui s'anastomose avec la *brachiale interne*, & fournit, en passant sur l'articulation, quelques rameaux d'où résultent les *veines poplitées*; elle suit ensuite sa route le long de la partie postérieure & interne du canon jusqu'au boulet, où elle s'unit de nouveau avec la même *veine brachiale interne*.

11°. *La veine jugulaire*, qui, après avoir fourni ces deux rameaux, s'éleve antérieurement & latéralement le long de l'encolure ; elle suit beaucoup plus extérieurement que les *carotides* les côtés de la trachée-artere, & fournit dans ce trajet quelques ramifications aux parties voisines.

12°. *La veine thyroïdiene*, partant de cette même veine avant sa division & se portant au larynx, aux glandes thyroïdes, parotides & maxillaires.

13°. *La veine maxillaire interne*, sortant de ce même tronc lorsqu'il est parvenu près de la tubérosité de la mâchoire, communément à trois ou quatre doigts (cinq à sept centimètres) en dessous & en arriere de cette tubérosité ; cette veine pouvant être aisément apperçue à l'extérieur, pour peu que la *jugulaire* soit gonflée, & se portant en dedans de la mâchoire & sous l'auge. Elle répondroit par sa situation à la veine jugulaire externe de l'homme; mais les distributions en sont différentes, toutes les veines externes de la tête humaine se dégorgeant dans le seul tronc de la jugulaire externe, tandis que dans l'animal les veines intérieures partent séparément du tronc ou des ramifications de la *jugulaire.*

14°. *Les ramifications* que la *maxillaire interne* fournit aux muscles masseter & sphéno-maxillaire.

15°. *La veine ranule*, n'étant autre chose que le premier rameau échappé de la veine dont il s'agit, pénétrant dans la substance de la langue, & que l'on ouvre dans certains cas à la portion inférieure de cette partie, s'anastomosant enfin avec celle du côté opposé près de l'os hyoïde.

16°. *Le trajet continué de cette veine maxillaire interne* par-dessus le bord postérieur de la mâchoire, sa division en trois branches lorsqu'elle est parvenue à la face externe de cette même mâchoire; la premiere de ces branches descendant le long des muscles molaires, & formant les *veines labiales;* la seconde remontant dessous le muscle masseter, augmentant considérablement de volume & s'anastomosant avec la *maxillaire postérieure* avant de pénétrer dans le canal de la mâchoire; la troisieme gagnant l'épine de l'os maxillaire & se divisant en deux rameaux, dont l'un passe par dessous cette même épine, communique avec la temporale, & va former les *veines angulaire &*

nafale externe ; tandis que l'autre monte le long du zygoma en-deffous du maffeter, où elle eft très-confidérable, pénetre dans l'orbite, à la faveur du pont jugal, en fourniffant la *veine palatine,* la *nafale interne,* la *maxillaire antérieure* & l'*oculaire,* & communique dans le finus caverneux par le trou qui donne paffage au nerf ophtalmique.

17°. *La veine palatine* réfultant, ainfi que nous l'avons dit, du fecond rameau de la troifieme branche de la *maxillaire interne,* pénétrant dans la bouche par le conduit guftatif ou palatin, & fe diftribuant fur toute la voûte du palais, en formant un lacis ou un réfeau admirable fur toute cette partie, au moyen de fa communication avec celle du côté oppofé.

18°. *La veine nafale interne,* échappée du même fecond rameau, s'infinuant par le trou nafal & accompagnant l'artere du même nom.

19°. *La veine maxillaire antérieure,* étant auffi une divifion de ce même rameau, pénétrant par le conduit maxillaire antérieur, & fuivant l'artere maxillaire antérieure.

20°. *La veine oculaire,* provenant encore du rameau dont nous avons parlé, accompagnant l'artere oculaire dans toutes fes ramifications.

21°. *La feconde branche de la jugulaire,* pouvant être comparée à la jugulaire interne humaine, accompagnant la *carotide interne* dans le crâne, plongeant dans le finus caverneux, & fourniffant dans fa marche la *veine occipitale*, qui fuit l'artere du même nom dans toutes fes divifions.

22°. *La troifieme branche de la jugulaire*, formant la *veine auriculaire* qui fe diftribue à l'oreille externe & aux parotides.

23°. *La veine maxillaire externe*, formant la quatrieme branche de la *jugulaire*, accompagnant l'artere du même nom, & fe plongeant dans le maffeter.

24°. *La veine temporale*, vulgairement appellée la *veine du larmier*, réfultant de la cinquième & derniere branche de cette même *jugulaire*, traverfant le mufcle maffeter en deffous & en-dehors de l'apophyfe condyloïde de la mâchoire, defcendant le long de l'épine du zygoma, & communiquant avec la *maxillaire interne*, à l'endroit où elle fournit les *angulaires*; cette veine donnant, au furplus, près de l'articulation de la mâchoire, un rameau qui pénetre dans le crâne par le canal qui eft à la bafe de l'apophyfe maftoïde du temporal.

25°. *Le trajet de la jugulaire*, qui, enfuite de ces cinq branches échappées d'elle, defcend le long de la face interne de la mâchoire, fournit des rameaux au pharynx & au mufcle fphéno-maxillaire, fe plonge dans le canal de la mâchoire poftérieure, fous le nom de *maxillaire poftérieure*, en s'anafto-

mofant, avant que d'y pénétrer, avec le fecond rameau de la *maxillaire interne*, ainfi que nous l'a-
vons obfervé.

262.   26°. *La veine axillaire*, étant une des principales divifions de la *veine cave*, à fa fortie du thorax, marchant par-devant les arteres axillaires, ces
veines étant égales en longueur, parce que la *veine
cave* ici ne fe divife qu'à fa fortie de la poitrine
au-deffus du fternum, tandis que dans l'homme ce
vaiffeau confervant fa fituation à droite, la foufclaviere gauche a plus de trajet à faire, & eft conféquemment plus longue que la foufclaviere droite;
cette *veine axillaire* fortant du thorax en paffant
fur le bord de la premiere côte, gagnant la partie
interne de l'épaule & des ars, & donnant ici la
thorachique externe, la *fcapulaire*, & peu après la
veine de l'éperon.

27°. *La veine thorachique externe*, fe portant le
long de la partie latérale de la poitrine, accompagnant l'artere du même nom jufqu'à fes dernieres
ramifications.

28°. *La veine fcapulaire*, cheminant en-dedans
de l'omoplate entre cette partie & les côtes, & fe
perdant dans tous les mufcles des environs, tant
en-dedans qu'en-dehors de l'épaule.

29°. *La veine brachiale ou humérale*, n'étant autre
chofe que la *veine axillaire*, qui prend ce nom

lors qu'après s'être portée fous la partie interne de l'articulation du bras avec l'omoplate, elle eft defcendue le long de la partie latérale de l'humerus: elle envoie près de la partie fupérieure de cet os quelques ramifications à cette articulation, & fe divife en trois branches, qui font la *veine de l'éperon*, la *brachiale interne* & la *cubitale.*

30°. *La veine de l'éperon*, cheminant extérieurement & fous le pannicule charnu le long de la partie latérale de la poitrine & du bas-ventre, & fe diftribuant à toutes les parties voifines.

31°. *La veine brachiale interne*, fourniffant à environ cinq à fix pouces (quinze à dixhuit centimètres) de fon trajet, un rameau confidérable qui envoie quelques ramifications aux parties voifines, & s'anaftomofe près de l'articulation du cubitus avec la *veine des ars* : cette même *brachiale interne* cheminant avec l'artere du même nom, s'anaftomofant avec la *veine cubitale* & la *veine des ars* quand elle eft parvenue à cette articulation, & laiffant échapper dans fa marche quelques ramifications qui fe portent aux mufcles qu'elle rencontre.

32°. *La veine cubitale*, defcendant le long de la partie poftérieure de l'humerus, paffant fur la finuofité de l'olécrâne, donnant des ramifications à l'articulation du cubitus & aux parties voifines, cheminant le long de la partie postérieure de la jambe entre les muscles fléchisseurs du canon, s'anastomosant avec la *brachiale interne*, quand elle est arrivée à l'articulation de cet os avec le cubitus, & se divisant dès-lors en veines *articulaires*, *musculaires* & *latérales*.

33°. *Les veines articulaires*, naissant de l'endroit de la division près du boulet & entourant l'articulation.

34°. *La veine musculaire*, étant un des rameaux qui part de ce même endroit & qui remonte jusqu'auprès du genou, en se perdant dans les muscles du canon.

35°. *Les veines latérales*, étant les deux branches de cette division, l'une à droite, l'autre à gauche, chacune d'elles descendant le long du pâturon, fournissant dans leur trajet plusieurs ramifications, s'anastomosant sur la couronne quand elles sont parvenues aux cartilages, formant dès-lors la *veine coronaire*, se répandant dans toute l'étendue du pied, par-dessous la substance sillonnée & la sole charnue, & composant enfin, au moyen de leurs fréquentes anastomoses, le réseau admirable que l'on remarque dans toute cette partie.

De la Veine Cave postérieure.

263. *La veine cave postérieure* sortant du sac droit à l'opposite de la *veine cave antérieure*, se porte

horifontalement l'efpace de quatre ou cinq travers
de doigt (fept à neuf centimètres) jufqu'au diaphragme , qu'elle traverfe à la partie latérale droite
du centre aponévrotique de ce mufcle.

Nous confidérerons :

1°. *Les veines coronaires.* Celle du côté droit
étant fournie par elle peu après fa fortie du fac ;
celle du côté gauche partant du fac du même côté ;
l'une & l'autre accompagnant les arteres dans toute
leur étendue & communiquant enfemble.

2°. *Les veines diaphragmatiques ,* c'eft-à-dire ,
les deux ou trois branches qu'elle fournit à cette
cloifon mufculeufe lors de fon paffage ; le trajet
de ces veines dans cette partie s'opere d'une maniere particuliere ; elles femblent en effet ne réfulter que d'un intervalle dans le centre nerveux , à-
peu-près comme les finus de la dure-mere ; enforte
qu'on ne peut abfolument point féparer les tuniques de ces veines , tuniques qui paroiffent confondues avec les fibres même du diaphragme.

3°. *Les veines hépatiques ,* partant immédiatement
de cette même *veine cave ,* lorfque, fortant du thorax , elle paffe le long du foie , en pénétrant légérement fa fubftance ; ces *veines hépatiques* fe plongeant dans ce vifcere , l'une à droite , l'autre à
gauche , & la troifieme dans le milieu.

4°. *Le trajet de la veine cave ,* qui , hors du trajet

du foie, s'étend de droite à gauche, & de bas en haut, pour atteindre le corps des vertebres des lombes, & pour fe rapprocher de l'aorte qu'elle accompagne jufqu'à l'os facrum, en fuivant toujours le côté droit.

5°. *Les veines émulgentes*, étant les deux vaiffeaux qu'elle fournit au lieu de la naiffance des arteres du même nom ; ces deux vaiffeaux allant l'un à droite, l'autre à gauche, pour fe diftribuer à chaque rein, la *veine émulgente gauche* étant plus longue & le chemin qu'elle doit faire étant plus étendu, puifqu'elle paffe par-deffus l'aorte.

6°. *La veine capfulaire*, allant aux reins fuccenturiaux, & partant communément du principe des *émulgentes*, quelquefois auffi du tronc de la *veine cave*, principalement & plus fréquemment du côté droit.

7°. *Les veines fpermatiques*, naiffant de la partie inférieure de la *veine cave* à quelque diftance & en arriere des *émulgentes*, & s'écartant d'abord de leur origine en cheminant obliquement en dehors & en arriere pour joindre les arteres nommées de même. Dans le cheval, elles les conduifent jufqu'aux tefticules, en fortant de l'abdomen par l'anneau des mufcles obliques. Dans la jument, elles n'outrepaffent point la capacité du bas-ventre : elles fe terminent à l'ovaire ; le diametre en eft auffi plus confidérable , fur-tout dans les jumens qui ont porté. Souvent encore la *veine fpermatique droite* tire fon origine de la *veine cave* ; tandis que la *fpermatique gauche* part & naît de l'*émulgente.*

8°. *Les veines lombaires*, fortant enfuite de chaque côté & de la partie fupérieure de la *veine cave*, pour fe perdre dans les mufcles de l'abdomen & des lombes.

264. 9°. *Les veines iliaques communes*, réfultant de la bifurcation du tronc de la *veine cave poftérieure* parvenue à la derniere vertebre lombaire , chacune de fes branches fe divifant en *iliaques internes* & en *iliaques externes.*

265. 10°. *Les veines iliaques internes*, fe divifant en deux rameaux , à environ trois pouces (neuf centimètres) de leur naiffance , le premier formant la *veine honteufe interne*, accompagnant l'artere du même nom , & fe diftribuant aux parties du baffin comme à la veffie , aux véficules féminales , au bulbe de l'urethre , aux grandes & aux petites proftates dans le cheval , & dans la jument, au vagin & aux parties extérieures de la génération ; & ce rameau communiquant avec la *caverneufe.*

11°. *La veine facrée*, réfultant du fecond rameau , accompagnant l'artere du même nom , & fe diftribuant aux mufcles de la cuiffe & de la queue.

266. 12°. *Les veines iliaques externes*, donnant dès

leur commencement & dès leur partie extérieure même la *petite iliaque ;* celle-ci fe plongeant dans les mufcles iliaques , ainfi que dans les parties voifines , & fortant enfuite de l'abomen par l'arcade crurale.

13°. *Les veines utérines,* partant de *ces mêmes veines iliaques* , fe diftribuant à l'uterus dans la jument, formant dans le cheval la *veine fpermatique feconde* , & fuivant les mêmes diftributions que les arteres du même nom.

14°. *La veine feffiere* , fourniffant un rameau qui gagne la face interne du baffin, & fe diftribue dans les mufcles pfoas & iliaque ; *cette même feffiere* fortant du baffin par l'échancrure fciatique , & fe diftribuant dans les mufcles feffiers , ainfi que dans les parties voifines.

15°. *Le rameau échappé des iliaques externes,* fortant du baffin par l'arcade crurale pour fe déployer & fe ramifier dans le mufcle moyen feffier , ainfi que dans les mufcles extenfeurs de la jambe.

16°. *La veine obturatrice,* accompagnant l'artere du même nom , fortant du baffin par le trou ovalaire, fourniffant la *veine caverneufe* , ainfi que plufieurs rameaux, qui vont fe perdre dans les mufcles de la partie interne de la cuiffe , & s'anaftomofant avec la *tibiale poflérieure.*

17°. *Les veines caverneufes* fe portant au membre de l'animal, paffant fous le ligament qui le foutient, communiquant avec la *honteufe interne*, fe répandant fur le membre, en fourniffant des rameaux au corps caverneux ; quelques-uns de ces mêmes rameaux communiquant avec les *veines honteufes externes*, & l'une & l'autre de ces *veines caverneufes* formant un lacis admirable fur toute l'étendue du membre, en donnant des ramifications au tiffu fpongieux de l'urethre, & fe perdant dans la tête de ce même membre.

18°. *La veine abdominale*, fournie par *l'iliaque externe* quand elle eft parvenue à l'arcade crurale ; cette même *veine abdominale* envoyant quelques rameaux au membre dans le cheval, & aux mammelles dans la cavale, marchant le long de la face interne du mufcle droit dans lequel elle fe diftribue, & fe plongeant en même temps dans les parties qui en font les plus voifines.

19°. *Les veines honteufes externes*, étant les plus remarquables des branches qui font le produit de *l'iliaque* lorfqu'elle eft fortie par l'arcade dont j'ai parlé, communiquant entre elles, s'anaftomofant avec la *veine caverneufe*, fe diftribuant dans les parties extérieures de la génération, & contribuant au réfeau qui rampe fur le membre, & qui fe montre dans les parties voifines.

20°. *Les veines mammaires*, étant des ramifications des *honteuses externes*, allant aux mammelles dans la jument; d'autres petits vaisseaux se portant aux glandes inguinales, à la graisse & à la peau.

267. 21°. *La veine crurale*, n'étant autre chose que *l'iliaque externe*, qui prend ce nom dès qu'elle est arrivée à la cuisse; cette veine descendant le long de la partie interne, & gagnant obliquement la partie postérieure.

22°. *Les veines musculaires*, fournies par la *crurale* dans ce trajet, & se distribuant aux muscles de cette partie.

23°. *La veine saphene*, répondant dans cette extrémité à celle qu'on nomme *veine des ars*, ou *veine céphalique* dans l'extrémité antérieure, naissant de la partie supérieure de la *crurale*, cheminant en descendant extérieurement le long de la partie interne de la cuisse, laissant échapper près de l'articulation un rameau qui s'anastomose avec la *tibiale postérieure*, poursuivant son trajet le long de la partie externe de la jambe; laissant échapper, lorsqu'elle est parvenue au jarret, un rameau qui s'anastomose avec des rameaux de la *tibiale antérieure*, cheminant le long de la partie externe du canon en gagnant la partie postérieure, & se joignant avec la *tibiale antérieure*, près de l'articulation du boulet.

24°. *La veine tibiale postérieure*, naissant de la *crurale* avant son arrivée à l'articulation du tibia, s'anastomosant avec un rameau de *l'obturatrice*, & accompagnant l'artere tibiale postérieure jusqu'à ses dernieres ramifications.

25°. *La veine tibiale antérieure*, n'étant que cette même *crurale*, parvenue au grasset, en gagnant la partie postérieure de cette articulation; elle se porte à la partie antérieure du tibia; elle passe sous son épine pour suivre son trajet le long de cet os, & donne dans sa marche des veines aux muscles voisins. Arrivée sur le devant de l'articulation du jarret, elle laisse échapper des rameaux, qui s'anastomosent avec la *saphene*; elle pénetre entre les os de cette articulation; elle se porte postérieurement le long du canon, toujours un peu plus du côté interne, & chemine ainsi jusqu'auprès du boulet, où elle se joint à la *saphene*.

26°. *Les veines latérales*, qui ne different point de celles de l'extrémité antérieure, & d'où naissent les *veines coronaires*, qui forment ici de même le lacis curieux que l'on admire dans le pied.

De la Veine Porte.

268. *La veine porte*, ainsi appellée, attendu son entrée dans le foie par cet endroit qui donne passage à tous les vaisseaux de ce viscere, fait fonction d'artere à l'égard de cette partie, & favorise une

circulation

circulation particuliere , puifqu'elle ne fe joint à la *veine cave* que comme les vaiffeaux artériels fe joignent aux veines , c'eft-à-dire , par l'extrémité de fes ramifications. Il faut en confidérer :

1°. *Le tronc*, autrement dit *le finus*, placé entre le foie, l'eftomac & la premiere portion d'inteftin qui avoifine ce dernier vifcere.

2°. *Les branches fortant des deux extrémités de ce tronc*, dont les unes conftituant ce que l'on nomme la *grande veine porte*, ou la *veine porte ventrale*, font comme les racines de cette efpece d'arbre, tandis que les autres, qui répondent au foie, en font comme les rameaux, & forment ce que l'on appelle la *petite veine porte*, ou la *veine porte hépatique*.

269. 3°. *La veine porte ventrale*, ou *la grande veine porte*, recevant le fang de tous les vifceres abdominaux contenus dans le péritoine, c'eft-à-dire, de l'eftomac, du pancréas, de la rate, de l'épiploon, du méfentere & des inteftins ; fes ramifications étant d'ailleurs fort irrégulieres. Elles répondent à l'artere cœliaque & aux deux arteres méfentériques, & en rapportent le fang au foie. Il feroit difficile de les diftinguer au furplus en *grande & petite méfaraïque* comme dans l'homme. On y difcerne fimplement la *veine fplénique*, qui eft un rameau affez confidérable, fortant le premier du tronc pour fe diftribuer à la rate. De ce rameau

Tome I. X

partent les veines qui vont au fond de l'eſtomac former les *vaiſſeaux courts* , ainſi que d'autres branches , qui , régnant le long de la grande courbure , compoſent les *veines gaſtro - épiploïques gauches* , veines qui s'anaſtomoſent avec des rameaux dépendans des premieres diviſions des *méſentériques* , & connus ſous le nom de *gaſtro-épiploïques droites*. On donne auſſi celui de *veines gaſtriques* à celles de ces branches qui ſuivent l'artere gaſtrique dans la petite courbure ; mais il eſt impoſſible d'aſſigner pareillement à ces veines une origine conſtante, à moins que l'on ne diſe qu'elles partent toujours & invariablement de la *grande méſentérique*. Le reſte de cette *grande veine porte* eſt deſtiné à parcourir l'étendue du méſentere, du méſocolon, pour ſe diſtribuer aux inteſtins, à l'anus, &c.

270. 4°. *La petite veine porte*, ou *la veine porte hépatique*, ſortant de l'extrémité du ſinus à l'oppoſé de la veine porte ventrale, ſe plongeant par pluſieurs branches dans la ſubſtance du foie qu'elle pénetre, à côté du canal hépatique, & s'y ramifiant de maniere que toutes ſes ſubdiviſions répondent aux grains pulpeux & glanduleux qui compoſent ce viſcere, ainſi qu'aux extrémités des *veines hépatiques* qui reçoivent le ſang de cette veine pour le tranſmettre dans la *veine cave*, & le conduire dans le torrent de la circulation.

PRÉCIS
NÉVROLOGIQUE,
OU
TRAITÉ ABRÉGÉ
DES NERFS DU CHEVAL.

Des Nerfs en général.

271. Les *nerfs* font des cordons blancs, connus auffi fous la dénomination de *canaux* ou de *tuyaux nerveux*. Nombre de perfonnes appellent fort mal-à-propos encore de ce nom de *nerfs* les tendons, les ligamens & les mufcles de l'animal; cette même erreur, ou cette même confufion, a eu long-temps lieu à l'égard de ces parties dans le corps de l'homme, lorfque l'anatomie humaine n'étoit pas plus avancée que ne le font malheureufement encore aujourd'hui l'anatomie comparée & la médecine vétérinaire.

Les uns paroiffent immédiatement fournis par la moëlle allongée, les autres par la moëlle épiniere, leur premiere fource ou leur origine étant ou dans le cerveau ou dans le cervelet; le tiffu de

X 2

la moëlle allongée & de la médule fpinale , qui eft
une fuite & un prolongement de celle-ci , naiffant
lui-même du concours & de la réunion des fibres
médullaires & des fubftances de ces deux corps.

Les premiers fortent par les trous du crâne , les
feconds par les trous du canal vertébral.

272. Leurs enveloppes font produites par celles des
vifceres auxquels ils doivent leur naiffance, la pie-
mere leur offrant , lorfqu'on les voit fortir de la
maffe moëlleufe , une gaîne qui eft l'unique & la
feule qui les accompagne dans le trajet qu'ils font
depuis la moëlle allongée & depuis la moëlle épiniere ; & la dure-mere qui fert de périofte interne
au crâne , & qui fe continue dans le canal des vertebres , les entourant & les fuivant avec la pie-
mere dans leurs différentes divifions , au moment
où ils fe propagent hors des cavités offeufes qui
les contiennent.

273. Les notions que l'on a de leur fabrication inté-
rieure dans laquelle les uns admettent des fibres
médullaires caves , & d'autres des fibres pleines
& dénuées de cavités , ne peuvent être regardées
comme vraiment exactes & précifes ; ce qu'il y a
de plus certain , c'eft que leur fubftance eft évidemment pulpeufe avant leur entrée dans la gaîne
commune que leur fourniffent les méninges , &
nous voyons qu'à leur terme & en arrivant aux

parties dans lefquelles ils femblent fe perdre , &
où ils dépofent ces enveloppes , ils s'épanouiffent
fous la forme d'une membrane infiniment tenue ,
ou d'une pulpe très-molle. Cette expanfion membraneufe ou médullaire , eft très-fenfible : 1°. dans
le nerf optique , qui paroît finir par une efpece
de globule , du contour duquel partent des fibrilles
ou des filamens dépouillés de leurs gaìnes qui
tapiffent tout le fond de la cavité oculaire fous
le nom de *rétine* : 2°. dans le nerf de la feptieme
paire dont un des rameaux répandu dans le limaçon & dans le labyrinthe , eft, ou paroît être ,
l'organe immédiat de l'ouie , il eft défigné par la
dénomination de *portion molle* : 3°. enfin , dans les
nerfs olfactifs , dont la fubftance , depuis leur naiffance jufqu'à leur fin, n'a rien de dur & de compact.

274.   Le trajet des tuyaux nerveux les conduit, comme
celui des vaiffeaux fanguins, dans toutes les parties ;
mais ceux-ci dans leur route diminuent toujours
proportionnément au nombre de leurs divifions &
à leur éloignement du centre , tandis que le diamètre des nerfs augmente fenfiblement en plufieurs endroits à une diftance confidérable de leur
naiffance. Leur marche s'exécute au travers de
parties molles , lâches & fans ceffe humectées , qui
preffent leur furface , & dans lefquels ils ferpen-
tent, ils fe replient, ils décrivent des courbes,

des lignes obliques , ils rétrogradent ou reviennent
sur-eux mêmes , &c.

275. Leurs attaches sont à différents points , sur-tout
aux angles formés par leurs replis , leurs flexions,
& leurs contours infinis.

276. Les vaisseaux sanguins ne communiquent que
dans leurs rameaux ; les communications des nerfs
ont lieu à la sortie du crâne & du canal de l'épine,
ou dans ces cavités ; les mêmes troncs envoient
aussi des rameaux en différens endroits , & souvent ces rameaux se joignent à d'autres filets émanans aussi d'autres troncs ; de-là principalement
la sympathie , la correspondance des unes & des
autres parties du corps de l'animal , leur senti-
ment, leur affection réciproque & mutuelle lorsque l'une d'elles est attaquée de quelques maux.

277. On a donné le nom de *plexus* ou de *lacis* à des
especes de rets ou de filets résultans de leurs entrelacemens divers , tels sont ceux qui forment les
plexus cardiaque, pulmonaire, stomachique,&c.&c.

278. On appelle aussi du nom de *ganglion* de légeres
tumeurs nerveuses , ou de petits corps durs , nés
de leurs dilatations , dont la structure n'est pas bien
connue ; ces petits corps ronds paroissent vasculeux
& reçoivent plusieurs artérioles , comme les tuyaux
nerveux , qui ne font certainement pas dépourvus
de vaisseaux sanguins. *Lancisi* , qui a examiné les

ganglions dans le cheval, & qui du reste les a envisagés comme de petits cerveaux, ou comme des subſtituts de ce viſcere, a cru y appercevoir trois tuniques, l'une externe vaginale, l'autre moyenne charnue, & la troiſieme tendineuſe. Nous n'avons pas été aſſez heureux pour déméler cet appareil; quoiqu'il en ſoit, il a conclu d'après cette ſtructure muſculeuſe, que les ganglions peuvent brider les fibres nerveuſes, & fournir une nouvelle augmentation de mouvement.

Cette deſcription a fait naître à un auteur moderne, très-eſtimable (1), de nouvelles idées. Il en a conclu, que le cerveau étant le filtre du fluide animal, les ganglions ſont le ſecond filtre de ce fluide, & qu'ils n'ont été répandus dans tout le ſyſtême nerveux, que comme autant de glandes deſtinées à ſéparer du fluide nerveux ou ſenſitif général les eſpeces de ce fluide néceſſaires aux différentes ſenſations.

279. En ce qui concerne les uſages généraux des nerfs, on les regarde avec raiſon comme les or-

____

(1) L E C A T, *Traité de l'exiſtence, de la nature & des propriétés du fluide des nerfs*, &c. Berlin, 1765, *in-8°. page* 225. — *Traité des ſenſations & des paſſions en général, & des ſens en particulier.* Paris, M. R. Huzard, 1767. in-8°. tome I, page 125 & ſuivantes.

ganes du fentiment & du mouvement; mais une
foule d'expériences, telles que les compreffions,
les fections, les ligatures, ont prouvé que ce
n'eft qu'eu égard à leur continuité & à la liberté
de leur commerce avec le cerveau, qu'ils ont la
faculté de mettre en jeu les refforts de toutes les
parties, ces canaux n'ayant en eux-mêmes & par
eux-mêmes aucune des conditions requifes pour
leur donner de l'activité, & n'étant que des tuyaux
de communication prépofés pour charrier ou pour
tranfmettre de la maffe moëlleufe à ces mêmes
parties, & de ces même parties à cette même
maffe, l'efprit animal, c'eft-à-dire, le fluide infiniment fubtil & pur, d'où dépendent le fentiment,
la force, l'action & la tenfion des fibres & des
parties folides de la machine. Ce qui eft foumis
à nos fens, ce que toutes nos recherches nous
démontrent, dépofe au furplus hautement contre
ceux qui ont cru devoir les déclarer des organes
actifs & moteurs, & combat toute idée de leurs
fonctions conféquemment à une force & à une
poffibilité de traction, de vibration, d'ofcillation,
de trémouffement & d'ondulation, dont ils ne fauroient être fufceptibles.

DES NERFS EN PARTICULIER.

Des Nerfs de la moëlle allongée.

280. En soulevant la *masse du cerveau*, on découvre successivement *vingt nerfs*, dix de chaque côté, qui naissent de la base de cette masse ou de la production médullaire, que l'on nomme *moëlle allongée*. Ces *dix paires de nerfs* sortent, par des ouvertures différentes, de la cavité osseuse dans laquelle elles sont renfermées, & sont autant de troncs séparés, qui, divisés & partagés ensuite en branches, en rameaux, en ramifications, en filets, se portent & se distribuent à diverses parties.

Nous considérerons :

281. 1°. *Les nerfs olfactifs*, ou *de la premiere paire*, naissant postérieurement de la partie inférieure des corps cannelés, étant réellement caves dans le cheval, leur cavité commençant du côté de leur origine par un principe assez étroit, qui augmente à mesure qu'il approche de l'os ethmoïde, & se termine par un cul-de-sac dans le fond de la petite fosse où cet os est logé. On y trouve seulement de la sérosité comme dans les autres cavités que l'on nomme ventricules ; peut-être vient-elle des

ventricules antérieurs , aussi pourroient-ils être appellés *ventricules olfactifs* , eu égard à leurs cavités distinctes & remplies de cette humeur limpide ;
ces mêmes nerfs , au surplus , paroissant blanchâtres
à l'extérieur & à l'intérieur , & étant évidemment
grisâtres dans le milieu de leur substance , cette
même substance grisâtre sortant de la partie inférieure des *processus* , passant par les trous de l'os
cribleux , & s'insinuant par autant de filets qu'il est
de trous à la superficie de cet os jusques dans les
naseaux , où ces mêmes filets , qui , d'ailleurs ne
sont pas sensiblement plus vasculeux que les autres
tuyaux nerveux , se répandent en nombre de ramifications dans toute l'étendue de la membrane
pituitaire. La dure-mere , qui tapisse l'os ethmoïde
du côté du crâne , en accompagne toutes les distributions en passant par les mêmes ouvertures.

282.   2°. *Les nerfs optiques* , ou *de la seconde paire* ,
venant des éminences du cerveau appellées les *couches* ou *les lits des nerfs optiques* , se portant jusques sur la fosse pituitaire où ils s'unissent étroitement l'un à l'autre , précisément au bas de la
glande dont le siége est dans cette fosse , se séparant aussi-tôt , passant dans les trous optiques
de l'os sphénoïde , entrant dans les cavités orbitaires , se plongeant enfin , chacun de leur côté ,
dans le globe de l'œil , en ne s'insérant pas di-

rectement vis-à-vis la prunelle, mais légérement & un peu plus du côté interne. Du reste, la subﬅance en eﬅ senſiblement pulpeuſe.

3°. *Les nerfs moteurs des yeux*, ou *les nerfs de la troiſieme paire*, naiſſant de la partie poﬅérieure de la moëlle allongée à l'endroit qui répond à la ſelle turchique, accompagnant le cordon antérieur de la cinquieme paire, ſortant par le trou maxillaire antérieur & pénétrant dans l'orbite, où ils ſe diviſent en trois branches, dont deux ſe perdent dans la ſubﬅance des muſcles droits, abaiſſeurs & abducteurs de l'œil, & le troiſieme dans le petit-oblique.

4°. *Les nerfs obliques*, ou *de la quatrieme paire*, appellés dans l'homme par *Willis*, *nerfs pathétiques ;* ces nerfs très-déliés naiſſant de la partie antérieure & latérale de la moëlle allongée, entre le cerveau & le cervelet, au-deſſus des tubercules quadrijumeaux, ſe portant obliquement vers l'apophyſe pierreuſe pour atteindre le cordon antérieur de la cinquieme paire, paſſant par le trou maxillaire antérieur, & marchant obliquement, lorſqu'ils ſont parvenus dans l'orbite, au muſcle grand-oblique dans la ſubﬅance duquel ils ſe ramifient.

283. 5°. *Les nerfs de la cinquieme paire*, beaucoup plus conſidérables, prenant naiſſance des parties latérales de la protubérance annullaire, s'avançant

du côté de l'apophyſe pierreuſe du temporal &
ſe diviſant en deux gros cordons, l'un *antérieur*,
l'autre *poſtérieur*, & connus tous les deux ſous le
nom de *maxillaires*.

Le maxillaire antérieur, deſcendant le long des
parties latérales de la ſelle turchique, ſortant du
crâne par le trou maxillaire antérieur, & laiſſant
échapper dans ce conduit une branche moins notable & plus légere, que l'on nomme *l'ophtalmique*, cette branche pénétrant par le trou commun
qui eſt dans ce même conduit pour ſe porter dans
l'orbite, & fourniſſant quatre rameaux.

Le premier de ces rameaux formant *le nerf ſourcilier*, qui paſſe le long de la voûte de l'orbite, &
fournit un cordon qui enfile le trou orbitaire interne, pénetre dans le crâne, s'aſſocie aux nerfs
olfactifs, chemine avec eux par les trous de la lame
cribleuſe de l'ethmoïde, & ſe diſtribue dans le nez;
ce même premier rameau continuant ſa route, ſortant par le trou ſourcilier, s'épanouiſſant ſur le
front, & ſe diſtribuant au muſcle releveur de la
paupiere, au muſcle orbiculaire, au péricrâne &
aux autres parties voiſines.

Le ſecond rameau, n'étant autre choſe que le
nerf appellé *lachrymal*, parce qu'il ſe porte en plus
grande partie à la glande lachrymale comme à la
paupiere ſupérieure.

Le troisieme, se portant au grand angle de l'œil, & se distribuant au sac lachrymal, à la caroncule lachrymale, à la membrane clignotante, au péri-orbite, &c.

Le quatrieme enfin, gagnant la partie externe de l'orbite, & se ramifiant dans la paupiere infé-rieure.

Ce même cordon antérieur, avant d'entrer dans l'os maxillaire, fournissant encore deux rameaux, dont le premier, dit *le nerf gustatif* ou *palatin*, avant de pénétrer par le trou palatin, donne un filet qui va s'épanouir dans le voile du palais & dans les muscles de cette partie ; ce même *nerf palatin* enfilant ensuite ce trou, & s'épanouissant dans toute la substance de la membrane palatine, tandis que le second rameau, nommé le *nerf nasal*, pénetre dans le nez par le trou nasal, & s'épanouit dans toute la substance de la membrane pituitaire. Il fournit encore des rameaux au voile du palais, ainsi qu'aux glandes & aux muscles de ces parties.

Ce même maxillaire antérieur, entrant ensuite dans le conduit maxillaire antérieur, d'où il envoie des filets aux dents de la mâchoire antérieure ; sorti de ce conduit par le trou maxillaire externe, il se disperse dans les muscles des naseaux, des levres & dans leurs tégumens.

Le cordon maxillaire postérieur, sortant de la base du crâne par la portion la plus élargie de la fente déchirée , & fournissant aussi-tôt deux cordons qui vont s'associer à la huitieme paire pour former le *nerf intercostal commun* (*Voyez* 289); s'avançant ensuite de derriere en devant le long de la face interne de la mâchoire postérieure pour entrer dans le conduit maxillaire postérieur, & fournissant des rameaux à chacune des dents ; de-là sortant par le trou mentonnier , & se ramifiant dans les muscles de la levre postérieure , dans le menton , dans les gencives , &c. mais ayant fourni avant d'entrer dans ce conduit quatre cordons très-remarquables.

Le premier, connu sous le nom de *petit nerf lingual*, parce qu'il se répand dans la langue & dans ses muscles ; celui-ci descendant le long de la portion interne de la mâchoire pour se propager dans la substance de ces parties , & communiquant avec *les nerfs de la neuvieme paire.*

Le second, passant par l'échancrure sigmoïde de la mâchoire postérieure , & se perdant dans le muscle masseter.

Le troisieme, s'épanouissant dans la substance du muscle sphéno-maxillaire , & envoyant quelques filets au digastrique.

Le quatrieme, se distribuant au muscle molaire & aux glandes de ces parties.

284.   6°. *La sixieme paire*, prenant naissance de la partie postérieure de la moëlle allongée, au-dessous de la protubérance annullaire, passant, avec la *cinquieme paire*, par le trou maxillaire antérieur, pénétrant dans l'orbite & venant se ramifier dans la substance du muscle abducteur de l'œil & dans l'orbiculaire.

285.   7°. *Les nerfs auditifs*, ou *de la septieme paire*, naissant des parties latérales & supérieures de la moëlle allongée, allant dans le trou auditif de l'os des tempes ; ces nerfs étant composés de deux substances d'une consistance différente, leur partie inférieure étant nommée la *portion dure*, parce qu'elle est la plus ferme, la supérieure étant pulpeuse & moëlleuse à-peu-près comme les *nerfs olfactifs*, & distinguée par le nom de *portion molle*, celle-ci étant proprement destinée à l'organe de l'ouie, pénétrant par les porosités osseuses qui sont au fond du canal auditif, & se dispersant dans les cavités de l'oreille interne, l'autre ou la *portion dure* sortant par le trou styloïdien, se divisant en deux cordons, dont l'un se ramifie dans la glande parotide, ou dans la glande vulgairement appellée *avive*, dans les muscles des oreilles, dans le muscle crotaphite & dans la peau, & dont l'autre se joint à deux cordons de la *cinquieme paire*, se porte sur la face externe du masseter & va s'épanouir dans

la fubftance des mufcles des levres & des nafeaux.

286. 8°. *La paire vague*, ou la *huitieme paire*, naiffant de la partie moyenne de la moëlle allongée, recevant, dès fon origine, un cordon de nerfs qui remonte le long de la moëlle épiniere, entre par le grand trou de l'occipital, & vient s'unir à elle ; ce cordon de nerfs étant défigné par le nom de *nerf fpinal* ou de *nerf acceffoire de Willis* dans l'homme, ou *d'acceffoire de la huitieme paire* ; cette même *huitieme paire* unie à ces *nerfs acceffoires*, fortant de la bafe du crâne fupérieurement, de la partie la plus étroite des trous déchirés, fourniffant un cordon qui va fe diftribuer au larynx & aux mufcles de l'os hyoïde, & s'affociant enfuite avec deux cordons de la *cinquieme paire*, pour fe diftribuer, ainfi que nous le dirons, & former le *grand nerf fympathique*, ou l'*intercoftal commun* (*Voyez* 289).

287. 9°. *Les grands nerfs linguaux*, ou *hypogloffes*, ou les *nerfs de la neuvieme paire*, leur origine étant à l'extrémité de la moëlle allongée, ces nerfs fe montrant d'abord comme plufieurs petits filets qui fe réuniffent & qui fortent du crâne par les trous condyloïdiens de l'occipital, fe portant, dès qu'ils font hors de cette cavité, dans le canal de la mâchoire, fourniffant dans ce trajet des filets aux parties voifines comme aux mufcles de la tête, de la langue, du larynx, du pharynx, aux glandes jugulaires,

jugulaires, & se perdant ensuite dans la substance
de la langue, où ils communiquent avec le rameau
du *cordon maxillaire postérieur* de la *cinquieme paire*,
que j'ai appellé *petit nerf lingual*.

288. 10°. *Les nerfs sous-occipitaux*, ou de la *dixieme
paire*, naissant à la suite des précédens, au lieu
où la moëlle allongée passe par le grand trou de
l'occipital, sortant par le trou postérieur pratiqué
à l'apophyse transverse de la premiere vertebre
cervicale, communiquant avec la *premiere paire
cervicale*, & se dispersant ensuite dans les muscles
de l'encolure & de la tête.

289. 11°. *Le nerf intercostal commun*, ou les *grands
nerfs sympathiques*, ainsi appellés d'une part,
attendu leur communication avec tous les nerfs
intercostaux, & de l'autre, à raison de leur communication fréquente & réitérée avec tous les autres
nerfs ; ces mêmes nerfs résultant de l'union de la
huitieme paire, au-devant de la premiere vertebre
cervicale avec les deux cordons de la *cinquieme
paire*, ou entrelacés avec la *neuvieme*, ils se fournissent mutuellement quelques filets. C'est cet
entrelacement qui compose le *premier plexus* d'où
partent trois cordons considérables ; le *principal*
gagnant le long des parties latérales des vertebres
cervicales, fournissant un cordon notable qui marche dans la substance du muscle sterno-maxillaire

Tome I.   Y

jufqu'à environ la fixieme vertebre cervicale ,
continuant enfuite fa route entre les mufcles commun & peaucier , formant des entrelacemens avec
les *fix premieres paires des nerfs cervicaux* , communiquant avec elles , & fe ramifiant dans la fubftance du mufcle trapefe. *Les deux autres cordons*
fe perdant dans le voile du palais , dans la glotte
& dans les mufcles de ces parties , après quoi ces
mêmes *nerfs fympathiques* pourfuivant leur route
le long de l'encolure , en accompagnant l'artere
carotide , de même que la *huitieme paire* avec
laquelle ils communiquent dans ce trajet ; ils reçoivent , lorfqu'ils font parvenus dans la poitrine ,
un filet de la *derniere paire cervicale* ; ils communiquent avec la *premiere paire dorfale* , & forment
un fecond plexus que l'on nomme le *plexus thorachique* ; les *nerfs de la huitieme paire* , après être
entré dans le thorax , donnant , au furplus , de chaque côté un filet qui paffe par-deffous l'origine
des arteres axillaires , & forme une anfe ou une
courbure pour remonter le long de la trachée-
artere ; c'eft ce que l'on appelle les *nerfs récur-
rens* , qui fe diftribuent à la trachée-artere & au
larynx.

290. C'eft principalement dans la poitrine que ces
mêmes *nerfs fympathiques* deviennent très-confi-
dérables. Auffi-tôt qu'ils y font parvenus , ils for-

ment, avec des filets de la *huitieme paire*, un plexus, nommé le *plexus pulmonaire*, & un peu plus bas, toujours avec cette *huitieme paire*, un lacis appellé *le plexus cardiaque*, le premier de ces plexus pénétrant & se plongeant dans la substance du poumon en laissant échapper plusieurs filets qui vont à la plevre, au médiastin, au péricarde, à l'œsophage, ainsi qu'au diaphragme ; le second s'épanouissant sur les oreillettes, sur le cœur, sur l'origine des gros vaisseaux, & dans toute la capacité du thorax.

De cette même *huitieme paire* partent deux cordons, un de chaque côté, marchant le long des parties latérales de l'œsophage, pénétrant dans la capacité du bas - ventre par l'ouverture du diaphragme qui donne passage à ce canal, & formant par leurs entrelacemens fréquens, de concert avec un autre cordon dont nous allons parler, tous les *plexus de l'abdomen*, & notamment le *plexus coronaire stomachique* dû à des filets émanans d'eux, & qui se répandent sur la partie inférieure & supérieure du ventricule.

Ce cordon entrelacé avec eux, part du *plexus thorachique*, marche le long des parties latérales du corps des vertebres, communique avec les *paires dorsales*, & pénetre dans le bas-ventre en enfilant de petites ouvertures qui sont entre les attaches du petit muscle du diaphragme.

(340)

Les plexus de l'abdomen font les *plexus femi-lu-
naires*, un de chaque côté au-deſſus des glandes
ſur-rénales. Des filets qui ſe détachent du côté
gauche, compoſent le *plexus ſplénique* qui ſe diſtribue à la rate. Celui du côté droit, eſt le *plexus
hépatique*, qui ſe plonge dans le foie en en enveloppant les vaiſſeaux, arteres & veines; & de
l'union de quelques filets des deux *plexus femi-lu-
naires* ſe forme antérieurement le *plexus ſtomachi-
que*. Quelques branches de celui-ci ſe portent autour de l'artere cœliaque qu'elles enveloppent, &
compoſent le *plexus cœliaque*. Enſuite des *plexus
fémi-lunaires*, pluſieurs filets ſe ſéparent du tronc
de chaque intercoſtal, & ſe réuniſſant dans le milieu de l'abdomen forment le *plexus ſolaire*, ou le
grand plexus méſentérique, qui ſe diſtribue au méſentere, & de-là aux inteſtins. Quelques filets des
plexus méſentériques & *fémi-lunaires* forment le
plexus rénal. Plus en arriere de ce plexus & autour
du tronc de la petite méſentérique, ou de la méſentérique poſtérieure, eſt un autre entrelacement
nerveux en maniere de gaine, qui eſt le *plexus méſentérique poſtérieur*, & dont les filets accompagnent l'artere méſentérique poſtérieure, ainſi que
ſes diviſions. Il eſt produit par les mêmes nerfs,
qui ſe prolongeant encore, ſe terminent enfin par
un autre plexus, que je nomme *plexus abdominal*.

Il se distribue, ainsi que le *plexus hypogastrique* dans l'homme, au rectum, à l'anus, à la vessie & aux parties de la génération.

Des Nerfs de la Moëlle épiniere.

291.   Les nerfs de la moëlle épiniere sont aussi nommés *nerfs vertébraux*, vu leur sortie de la moëlle par les trous que forment les échancrures des vertebres en se rencontrant. Il faut en considérer :

292.   1°. *Le nombre*, qui égale celui de ces trous & de ceux de l'os sacrum. On en compte *trente-cinq paires*.

2°. *La division*, par rapport à l'épine, *en sept paires cervicales*, en *dix-huit paires dorsales*, en *six lombaires* & en *quatre sacrées*, à la fin desquelles la moëlle épiniere sort par l'extrémité du canal vertébral qui s'ouvre dans les premiers nœuds de la queue, & se termine par un faisceau de filets nerveux qui se perdent insensiblement dans les parties voisines.

3°. *La position & la sortie* : les uns & les autres de ces nerfs étant postérieurs aux vertebres, *la premiere paire-cervicale* sortant du canal par les trous qui sont entre la premiere & la seconde vertebre de l'encolure, & ainsi des autres.

4°. *Le diamètre*, qui augmente considérablement lorsqu'ils ont percé & qu'ils se sont fait jour à travers la premiere enveloppe.

Y 3

(342)

5°. *Les ganglions*, plus ou moins remarquables qu'ils préfentent.

6°. *La communication des fept paires cervicales*, prefque toutes les unes avec les autres.

293. 7°. *Les fept paires cervicales*, les *quatre premieres* fe portant aux mufcles, aux vaiffeaux & aux glandes des environs ; la *cinquieme* fourniffant un filet, qui avec deux rameaux qui fe détachent de la *fixieme*, forment un nerf particulier, nommé le *nerf diaphrag-matique*, celui-ci paffant fur la furface latérale du péricarde & fe diftribuant au diaphragme, les *trois dernieres paires*, *la premiere dorfale* & quelques filets de la *feconde*, après être fortis par les trous verté-braux, fe réuniffant à leur paffage par la bifurca-tion du mufcle fcalene, auquel ils fourniffent quel-ques rameaux & forment un ganglion d'où partent neuf cordons de nerfs, dont les trois plus confidérables font, à proprement parler, les *nerfs brachiaux*, c'eft-à-dire, le *brachial externe*, le *brachial interne* & le *cubital;* des fix autres cordons le *premier* fe diftribuant au petit-pectoral, le *fecond* à l'antépi-neux, au poftépineux, au long-abducteur du bras & à l'articulation de cette partie, de même qu'à la peau & à la graiffe ; le *troifieme* & le *quatrieme* au mufcle fous-fcapulaire ; le *cinquieme* à l'adduc-teur du bras, au long & au court-abducteur, au court-extenfeur de l'avant-bras, à l'articulation de

cette partie, à la portion du panicule charnu qui lui répond & à la peau, le *sixieme* enfin se portant dans le gros, dans le long & dans le moyen-extenseur. de l'avant-bras, & donnant quelques filets au grand-dorsal.

8°. *Le brachial externe*, marchant le long de la partie postérieure du bras, se contournant, lorsqu'il est parvenu à la partie inférieure, de dedans en-dehors pour gagner la partie externe de l'humerus; fournissant dans ce trajet un nombre infini de filets nerveux qui vont se distribuer aux muscles extenseurs de l'avant-bras, au court-fléchisseur, à l'articulation, à la peau & à la graisse de ces parties, poursuivant ensuite sa route le long de la partie antérieure du cubitus, en donnant des rameaux à tous les muscles extenseurs du canon & du pied, dans la substance duquel ils se perdent.

9°. *Le brachial interne*, étant le plus considérable, recevant du premier ganglion un gros cordon, qui, à quatre travers de doigt (sept centimètres) de-là, fait avec ce même nerf un entrelacement que l'on pourroit appeller le *second ganglion brachial*; trois rameaux qui vont se distribuer aux muscles fléchisseurs de l'avant-bras, à l'omo-brachial, au grand-pectoral & au muscle commun du bras, partant de ce *second ganglion*; ce même *brachial interne* se portant ensuite le long de la partie interne de

l'humerus, fourniſſant, lorſqu'il eſt parvenu à l'articulation du cubitus , un ample filet qui ſe ramifie dans l'articulation, dans les muſcles & dans les
parties voiſines ; marchant le long de la partie poſtérieure & interne du cubitus , en donnant pluſieurs
rameaux aux muſcles fléchiſſeurs du canon & du
pied ; paſſant avec le tendon du ſublime & du
profond dans la ſinuoſité de l'os crochu , cheminant le long de leur partie latérale interne en
fourniſſant à toutes les parties qui l'avoiſinent dans
ce trajet, & ſe perdant dans le boulet, dans le
pâturon, dans la couronne, dans le pied, dans
les ligamens, dans les articulations.

10°. *Le nerf cubital*, fourniſſant dans ſon principe trois cordons, dont deux ſe rendent au grand-
pectoral, & le troiſieme au grand-dorſal, deſcendant enſuite le long de la partie interne du bras,
gagnant la partie poſtérieure de l'avant-bras juſqu'à environ la partite moyenne du canon, dans
les parties voiſines duquel il ſe perd, ainſi qué
dans la peau, après avoir donné dans la route
qu'il a tenue quantité de filets aux muſcles extenſeurs de l'avant-bras, & aux muſcles fléchiſſeurs
du canon & du pied.

294. 11°. *Les nerfs coſtaux, intercoſtaux* ou *dorſaux*
étant, ainſi que je l'ai dit, au nombre de dix
huit, ſe portant tous en ſortant du canal verté

bral dans l'intervalle des côtes, mais donnant inférieurement à leur origine quelques filets au moyen defquels il y a une communication établie avec le *nerf intercoftal commun* ; des rameaux qui fe perdent dans les mufcles du dos, fe détachant auffi fupérieurement, & le cours de chaque nerf fe déterminant enfuite le long de la face interne des mufcles intercoftaux dans lefquels ils s'évanouiffent; les derniers qui cheminent entre les fauffes côtes fe difperfant encore dans les mufcles de l'abdomen.

295. ⸱⸱⸱ 12⁰: *Les fix paires de nerfs lombaires ;* communiquant inférieurement, de même que les *nerfs dorfaux,* avec les *nerfs fymphatiques* ou le *nerf intercoftal commun,* les filets qu'ils fourniffent fupérieurement étant portés aux mufcles du dos ; leurs troncs fe diftribuant en grande partie aux mufcles de l'abdomen ; leurs cordons très-réguliers & très-vifibles régnant particuliérement fur le mufcle tranfverfe ; plufieurs filets de la *premiere* & de la *feconde paire* fe diftribuant dans les mufcles pfoas, iliaque, & dans les parties voifines ; quelques rameaux de la *troifieme, quatrieme, cinquieme & fixieme,* formant avec un filet de l'*intercoftal commun* le *nerf crural,* qui marche le long de la partie interne du baffin ; fournit un nerf confidérable, nommé le *nerf obturateur,* envoie auffi des filets aux mufcles dont je viens de parler, aux

vaiffeaux & aux glandes qui en font prochaines ;
il paffe enfuite fous l'arcade crurale, donne un cordon qui fe ramifie dans le long & dans le court
adducteur de la jambe, dans le fafcia-lata, dans
l'articulation du fémur, dans les glandes inguinales,
&c. fe porte au-deffous du mufcle droit-antérieur
de la jambe, & fe perd après s'être divifé en un
nombre infini de filets, dans les mufcles vafte-
interne, vafte-externe, crural, petit-droit de la
cuiffe, & dans l'articulation de cette partie.

13°. *Le nerf obturateur*, augmenté par un cordon de la *fixieme paire lombaire*, marchant le long
de la face interne du baffin, paffant par le trou
obturateur, & fe perdant dans les mufcles obturateur-interne & externe, grêle-interne de la cuiffe,
dans les jumeaux, & dans la graiffe de ces parties.

14°. *Le nerf fciatique*, formé par la *fixieme paire
lombaire*, & par la *premiere, feconde & troifieme
paire facrée*, fourniffant dès fon principe un cordon affez confidérable, qui fe diftribue dans les
mufcles grand & petit-feffiers, & dans les mufcles de la quéue, en envoyant quelques filets aux
parties voifines ; ce même *nerf fciatique* marchant
enfuite le long de la partie fupérieure de l'iléon
par-deffus le ligament facro-fciatique, au-deffous
du grand-feffier, gagnant le long de la partie
poftérieure de la cuiffe, & donnant, lorfqu'il eft

parvenu à l'articulation de cette partie, deux cordons, dont l'un fe perd dans le grêle-interne, dans le biceps de la cuiffe, dans le demi-membraneux, dans le biceps de la jambe, dans la peau, &c. & dont l'autre s'étendant jufqu'à la portion fupérieure de cette partie, va & fe propage dans le mufcle long-vafte & dans les extenfeurs du canon & du pied, en prêtant quelques rameaux à l'articulation, à la peau, aux parties voifines, &c.

15°. *Le nerf poplité*, étant une continuation du *nerf fciatique*, qui pourfuit fa route le long de la partie poftérieure de la cuiffe, & qui, parvenu à la portion fupérieure de la jambe, paffe entre les deux jumeaux, donne un filet qui s'y ramifie, de même que dans l'abdufteur de la jambe, dans l'articulation & dans les fléchiffeurs du pied; après quoi il fe propage le long de la partie poftérieure du tibia, donne dans ce trajet des rameaux à la peau & à toutes les parties qu'il rencontre, paffe dans la finuofité du calcaneum avec le tendon du mufcle profond, fournit quelques filets à l'articulation, fuit le long de la partie interne du canon & le bord des tendons des fléchiffeurs du pied, & fe perd dans le boulet, dans le pâturon, dans la couronne, dans le pied, en laiffant échapper dans fa route des rameaux qui vont aux ligamens, à la graiffe & dans les articulations de cette partie.

296. 16°. *Les nerfs sacrés*, sortant par les ouvertures de l'os sacrum, au nombre de quatre ou cinq, si l'on compte la *paire* qui s'échappe entre cet os & le premier nœud de la queue, ces nerfs envoyant, aussi-tôt qu'ils sont hors du canal, quantité de filets au rectum, à l'anus & à ses muscles, à la vessie & aux parties internes de la génération, tandis que plusieurs filets de la *troisieme* & *quatrieme paire sacrée*, & le nerf intercostal commun à sa fin, fournissent un nerf assez considérable qui gagne la partie postérieure de l'ischion, passe dans l'échancrure triangulaire entre les deux branches du corps caverneux, se ramifie dans le membre, & envoie quelques filets dans les muscles, dans les membranes, à l'urethre, à la peau, &c. &c.

PRÉCIS

ADÉNOLOGIQUE,

OU

TRAITÉ ABRÉGÉ

DES GLANDES DU CHEVAL.

*Des Glandes & des Vaisseaux Lymphatiques
en général.*

297. LES *glandes* sont des organes particuliers non moins multipliés dans le corps des animaux que dans le corps humain, & que l'on peut ranger également dans l'un & dans l'autre sous différentes classes.

Il est des *cryptes*, autrement appellés *follicules*, ou *corpuscules glanduleux*; il est des *glandes* dites *conglobées*, ou *lymphatiques*; il est enfin des *glandes* dites *conglomérées*.

298. Les *cryptes*, ou les *follicules glanduleux*, ne méritent pas proprement le nom de *glandes*; ils ont été néanmoins regardés comme des corps de cette nature, & on en a fait une classe de glandes infiniment simples.

Ces corpufcules font prefqu'imperceptibles.

Ils font placés dans tous les endroits du corps expofés aux injures de l'air, à des frottemens, &c.

Ils ne font, le plus fouvent, compofés que d'une membrane fimple & cave, au-dedans de laquelle une humeur particuliere eft filtrée par un émiffaire.

Ces follicules, au furplus, ne changent point la nature de cette humeur dont ils ne font que le réfervoir, & elle ne differe, à fa fortie de ces lieux de dépôt, de ce qu'elle pouvoit être dans le torrent où le mouvement qu'elle éprouvoit entretenoit fa fluidité, qu'eu égard à la confiftance qu'elle a acquife par fon féjour dans le *crypte*, ou par fon épanchement dans quelque cavité, épanchement qui a lieu quelquefois par le moyen d'un petit vaiffeau excrétoire, quelquefois auffi par plufieurs pores ouverts à la fuperficie de ces corpufcules, & qui eft abfolument femblable à l'écoulement infenfible d'une liqueur qui fuinte.

299. *Les glandes conglobées*, ou *lymphatiques*, compofent une feconde claffe de glandes bien moins fimples.

La forme en eft tantôt fphéroïde, tantôt ovalaire ou oblongue.

Les unes font petites, les autres le font moins ; d'autres font affez confidérables.

La plupart font fermes , & réfiftent à la pointe du fcalpel.

La fuperficie en eft, pour l'ordinaire, unie & égale.

La fubftance en eft continue ; chacune d'elles , formée par des lacis , par des circonvolutions de vaiffeaux de toute efpece , ne préfente qu'un feul & unique corps très-diftinct.

Une membrane paroît particuliere à chacune de ces glandes , ou dépendre du tiffu cellulaire qui les environne , & qui pénetre dans les interftices de tous ces vaiffeaux circonvolus.

Elles adherent aux parties voifines par ce tiffu cellulaire & par les tuyaux qui les forment, & qui font une fuite du fyftême vafculeux.

Leur miniftere femble borné à l'affermiffement des vaiffeaux lymphatiques, à l'égard defquels elles font ce que les ganglions font relativement aux tuyaux nerveux. Elles atténuent auffi , elles préparent , elles élaborent , elles perfectionnent la lymphe , peut-ètre par l'action de leur membrane capfulaire , comme par celle de tous les petits vaiffeaux qui s'y rendent.

300. On donne le nom de *vaiffeaux lymphatiques* à des canaux déliés , tranfparens , qui contiennent & qui charrient une liqueur tenue , claire & prefque aqueufe , qui n'eft autre chofe que cette même lymphe dont nous venons de parler.

L'origine de ces vaiffeaux n'a point encore été véritablement développée.

Plufieurs auteurs ont fixé le lieu de leur naiffance à l'extrémité collatérale des arteres.

D'autres ont fuppofé, 1°. que le diamètre de ces canaux diminue à mefure qu'ils s'éloignent de cette extrémité ; 2°. qu'ils répondent à d'autres vaiffeaux de même nature, dont le diamètre augmente & s'amplifie toujours infenfiblement en approchant des veines fanguines auxquelles ils s'adaptent ; de-là la diftinction qu'ils ont faite de ces canaux en arteres & en veines lymphatiques. Il eft certain que cette divifion ne peut fe foutenir fur le prétexte de ces dégénérations & de ces augmentations de calibres, qu'on n'apperçoit point ici comme dans les vaiffeaux fanguins ; nous favons feulement que les canaux dont il s'agit communiquent enfemble à la maniere des tuyaux qui charrient le fang, ne different prefque point des veines lactées, fe rendent la plupart dans des glandes qu'ils femblent traverfer, & s'ouvrent immédiatement dans les vaiffeaux veineux fanguins, dans le canal thorachique & dans le réfervoir du chyle.

Ils font vifiblement entre-coupés & femés de valvules femi - lunaires, conniventes, placées à peu de diftance les unes des autres, & feulement

au

au nombre de deux à chaque nœud ou à chaque dilatation ; ce nombre eſt ſuffiſant pour fermer le canal, & pour s'oppoſer à la rétrogradation de la liqueur, dont la marche & la progreſſion ſont plutôt aidées par l'action ſyſtaltique des vaiſſeaux voiſins, que par le reſſort & l'élaſticité des membranes de ceux qui les contiennent, & qui néanmoins ſont très-irritables.

Ces nœuds, ou ces dilatations valvulaires, ſont principalement appercevables aux ſens, lorſque, par le moyen de quelque ligature, on arrête le cours & la décharge de la lymphe ; alors elle reflue ſur les valvules, & cauſe un gonflement très-diſtinct, ſur-tout dans l'animal vivant.

On peut ſuivre aiſément pluſieurs de ces vaiſ-ſeaux dans le cheval, dans le bœuf, & dans les ani-maux d'une certaine taille. *Malpighi* les a conduit juſqu'aux glandes du méſocolon de l'âne, & ſou-vent on les accompagne dans le cheval juſqu'au canal thorachique & juſqu'au réſervoir.

Il eſt de plus inconteſtable qu'ils ſont répandus en grande quantité dans la cavité de la poitrine & dans celle du bas-ventre. Ils rampent principa-lement ſur la ſurface des gros viſceres, tels que le foie, la rate, les reins, l'uterus, &c. Ils ſuivent encore les groſſes veines, par exemple, la veine cave dans la poitrine ; les émulgentes, la ſplénique, les principaux rameaux de la veine porte dans la troisieme cavité.

Hors de ces capacités, il en eſt qui accompagnent les principales ramifications veineuſes, ſpéciale-ment les jugulaires, la maxillaire interne & externe, les axillaires, la thorachique externe, la ſcapulaire, l'humérale, l'ars ou la céphalique, la crurale, la ſaphene, &c.

301. On appelle encore du nom de *vaiſſeaux lym-phatiques*, de petits canaux répondant aux aſteres & aux veines ſanguines, deſtinés, vu leur ténuité & l'étroiteſſe de leur diamètre, à ne recevoir & à ne laiſſer paſſer que la partie blanche du ſang. Ces vaiſſeaux, plutôt *ſéreux* que *lymphatiques*, ne doi-vent point être confondus avec les vaiſſeaux noueux & valvuleux dont j'ai parlé, & il eſt plus probable qu'il en eſt d'artériels & de veineux.

302. *Les glandes compoſées*, ou *conglomerées*, forment enfin une troiſieme claſſe de glandes très-différente de la ſeconde.

Elles réſultent de la réunion & de l'aſſemblage de pluſieurs corps glanduleux liés entre eux par des vaiſſeaux communs, & renfermés dans une ſeule & même membrane, qui fait de ce nombre de petits corps un ſeul & même organe. Tous ces corpuſ-cules, ou quoi que ce ſoit, chacun de ces grains glanduleux, ne ſemblent être également qu'un amas de toutes fortes de vaiffeaux circonvolus.

Leurs vaiffeaux fecrétoires ne font que des vaiffeaux collatéraux , partant de l'extrémité des arteres, qui, après plufieurs contours, s'anaftomofent
avec les tuyaux veineux. Le diamètre de ces mêmes
vaiffeaux eft d'une telle ténuité, qu'ils ne peuvent
fe charger des molécules rouges , qui continuent
leur route dans les tuyaux veineux , & ils n'admettent que la liqueur qui doit être féparée.

Le canal excrétoire , ou le tuyau commun , en
eft tantôt plus & tantôt moins confidérable. Il eft
formé de la jonction & de la réunion des conduits
ou vaiffeaux fecréteurs. Il verfe la liqueur qu'il en
a reçue dans quelque réfervoir particulier , dans
quelque cavité commune , ou il la porte & la
tranfmet au-dehors. Il eft des glandes qui ont plufieurs canaux excrétoires , comme , par exemple ,
la glande lachrymale , &c.

Les glandes conglomérées font des organes à la
faveur defquelles les fluides font féparés de la maffe,
& difpofés à y rentrer en partie , ou à en être
entiérement expulfés.

303.   Du refte, nous ne diffimulerons pas que cette
matiere , en quelque forte inextricable, a occupé
les plus grands hommes, & a donné lieu à des contef-
tations fans fin ; mais lorfque le génie le plus perçant & le plus fécond entreprend d'expliquer ce

que la nature affecte de dérober à nos fens, il arrive fouvent qu'un plus grand nombre d'erreurs prend la place de la vérité.

La définition des glandes, leurs différences, leur ftructure, leurs fonctions, tout a été un objet de difpute.

Ici on défigne par ce nom toute partie qui n'eft ni graiffe, ni mufcle, ni vifcere, & qui, du premier coup-d'œil, eft aifément diftinguée de toute autre. Là, les glandes font des parties fphériques, globuleufes, ovalaires, &c. celui-ci les regarde comme une forte de parenchyme, & les préfente comme des fubftances charnues, molles, lâches, fongueufes, &c. ; cet autre, comme des organes fecrétoires ; enfin, celui-là exprime l'idée qu'il en conçoit, en difant qu'elles font un enfemble de vaiffeaux renfermés dans une membrane propre & particuliere, de maniere que nulle définition donnée n'eft jufte & ftricte, puifqu'il n'en eft aucune qui convienne parfaitement à toutes les glandes en général, & qui ne puiffe être appliquée à d'autres parties.

Quelques-uns n'en ont admis que deux efpéces, les *conglobées* & les *conglomérées* ; plufieurs en adoptant celles-ci, en ont reconnu une troifieme, qui comprend ce que nous avons appellé *les glandes infiniment fimples* ; d'autres enfin en ont imaginé

une quatrieme, réfultant de la réunion des émonc-
toires de plufieurs de ces dernieres en un feul canal, &c. &c.

On n'a pas été plus d'accord fur leur ftrucure ;
mais il feroit inutile & trop long de rendre compte
ici de tous les débats que ce point a occafionnés.

Leurs ufages encore n'ont pas été un moindre
fujet de diffentions. Selon *Gliffon*, une partie de
la lymphe eft fournie aux glandes par les arteres,
& l'autre par les nerfs ; *Vieuffens* a cru démontrer
que des petits filets de nerfs s'adaptoient aux
conduits excréteurs, qui en recevoient des efprits
capables d'augmenter la fluidité des liqueurs filtrées
par les glandes : *Sylvius* a prétendu que les efprits
animaux dépofoient la lymphe dans les conglobées ; & depuis très-peu de temps on a combattu
l'opinion génêrale (1), en foutenant que ces corps
particuliers ne font point le filtre des liqueurs ; qu'ils
filtrent les efprits même ; que leur exiftence n'eft
due qu'à l'épanouiffement des nerfs à leurs extrémités ; qu'ils n'ont rien de commun avec les vaiffeaux, fi ce n'eft leur proximité & leur abouche-
ment à leur terme, au moyen duquel abouche-
ment ils y verfent le fluide nerveux, ou reçoivent

---

(1) Le Cat, *Traité des fenfations*, ci-devant cité, tome I,
page 132 & fuivantes.

de la liqueur charriée par ces mêmes vaiſſeaux, un alliage précieux, qu'on déclare être une ſubſtance médiatrice & néceſſaire, la lymphe nervale étant trop ſubtile pour pouvoir produire par elle-même aucune des fonctions matérielles.

Préſervons-nous, s'il eſt poſſible, dans la médecine vétérinaire, de tout ce qu'une trop foible raiſon peut enfanter, dans l'eſpoir d'atteindre à ce qu'elle ne peut ſaiſir ; ou ſi ſes efforts ſont ſuivis de quelques ſuccès, attendons que ces mêmes ſuccès ſoient avoués par l'élite de ceux qui ſont prépoſés pour les juger, & ne cédons encore enſuite qu'après des travaux réfléchis ſur le corps des animaux qui ſont l'objet de notre étude & de nos recherches.

Des Glandes en particulier.

304. L'énumération la plus ſimple des glandes, conſidérées en particulier, nous paroît être celle dans laquelle on ſe propoſe de les ſuivre, en les recherchant dans les différentes parties de l'animal ; nous les enviſagerons donc ici ſous ce point de vue.

305. Les glandes de la tête ſont dans le crâne & hors du crâne.

Les glandes qui ſont dans le crâne, ſans parler du cerveau, que pluſieurs anatomiſtes & phyſiologues ont regardé comme une glande conglo-

merée dont les nerfs forment les tuyaux excréteur , font :

1°. *Des corpuſcules* d'une forme irréguliere , unis
dans les grands ventricules par un prolongement
du plexus choroïde ; ces corpuſcules acquérant
dans de certaines circonſtances , & quelquefois dans
celle de la *morve* , un volume conſidérable ; peut-
être ſéparent-ils ou laiſſent-ils échapper l'humeur
dont ces parties ſont abreuvées.

2°. *La glande appellée du nom de pinéale* dans
l'homme , & que , par une forte de délire , on a
déclaré être le ſiége de l'ame , cette glande étant
ſituée au-deſſus des couches optiques entre les
tubercules quadrijumaux. La forme en eſt conoïde,
la ſubſtance molaſſe , la couleur extérieurement
brune , & intérieurement d'un brun plus clair , le
volume eſt égal à celui d'un pois ; ſes uſages ſont
totalement inconnus. (*Voyez* 384 , 20°.)

3°. *La glande pituitaire* , ſituée dans le centre
des arteres carotides & des ſinus caverneux , d'une
forme orbiculaire , & de la groſſeur d'une petite
châtaigne. On a cru qu'elle recevoit l'humeur pi-
tuiteuſe du cerveau que l'entonnoir lui porte ; il
ſemble qu'il eſt plus raiſonnable de penſer qu'elle
filtre & qu'elle ſépare une liqueur envoyée au cerveau & à la moëlle de l'épine , dans des vues
qu'à la vérité nous ignorons. (*Voyez* 384 , 24°.)

Z 4

4°. *Les corpuscules*, situés à la partie postérieure de la circonférence des deux lobes latéraux du cervelet, au milieu d'un entrelacement considérable de vaisseaux ; ces corpuscules ayant sans doute une fonction semblable à celles des premiers corpuscules dont nous avons parlé.

306. Les glandes qui sont hors du crâne, & qui dépendent des parties différentes de la tête, sont :

1°. *La glande lachrymale*, logée intérieurement à la partie supérieure de la fosse orbitaire du côté de l'angle externe, ses canaux excrétoires, nommés *canaux hygrophtalmiques*, qu'on ne découvre sensiblement que par le moyen de la macération, perçant la conjonctive à côté du tarse de la paupiere supérieure, pour verser sur la partie antérieure du globe la sérosité que nous désignons par le nom de *larmes* (1).

2°. *La caroncule lachrymale*, placée du côté du grand angle, se présentant dans l'espace libre que laissent les paupieres comme une masse grenue, noire & dure, garnie d'une multitude de petits poils, ses canaux excréteurs s'ouvrant à sa surface ; & versant une humeur épaisse & blanchâtre. Son

---

(1) Voyez *Elémens de l'art vétérinaire. Traité de la conformation extérieure du Cheval, &c.* IVᵉ. *édition,* Paris, M. R. Huzard, an V, page 26.

ufage eft encore de diriger les larmes vers les points lachrymaux chargés de les abforber (1).

3°. *Les glandes fébacées*, découvertes dans l'homme par *Meibomius*, verfant à la face interne de l'une & l'autre paupiere par des orifices ou d'é-troites lacunes qu'on obferve vers leurs bords, & qu'on a nommés *points ciliaires*, une humeur hui-leufe, & quelquefois très-gluante, qui leur fert de liniment (2).

4°. *Le corps glanduleux*, affez folide, qui enve-loppe de toutes parts la bafe du cartilage confti-tuant ce que l'on nomme la membrane cligno-tante ; les canaux excréteurs de ce corps s'ouvrant par plufieurs orifices à la partie fupérieure de cette membrane, & verfant une humeur limpide, pro-pre à lubréfier cette partie (3).

5°. *Les follicules*, rampans fur la furface convexe de la peau qui tapiffe le conduit auditif externe, dépofant une humeur blanchàtre & céracée qui lubr●●e ce même conduit, & dont le principal ufage eft ●●bforber les rayons fonores & d'arrêter la vivacité de leur impreffion.

6°. *Les follicules*, dont la membrane pituitaire eft parfemée, laiffant échapper une humeur mu-

---

(1) Voyez *idem*. page 25. | (3) Voyez *idem*. page 24.
(2) Voyez *idem*. page 23.

queufe qui la défend & la garantit de tout defféchement & de toute corrugation que l'air, par
fon paffage continuel dans la cavité des nafeaux,
auroit occafionné inévitablement, fans la précau-
tion qui réfulte de l'abord & de la préfence de
cette mucofité.

7°. *Les parotides*, connues dans le langage des
maréchaux fous le nom d'*avives*, fituées au-deffous
de l'oreille, entre la tubérofité de la mâchoire poftérieure & le col ; le canal excréteur de cette glande
defcendant derriere la tubérofité de la mâchoire,
fur laquelle il monte le long du bord inférieur
du mufcle maffeter, perçant le mufcle molaire
pour fe porter dans la bouche & y dégorger la
falive entre les deux premieres dents molaires.

8°. *Les glandes molaires*, fituées de chaque
côté du bord alvéolaire de l'une & de l'autre mâchoire, & verfant dans la bouche l'humeur qu'elles
ont féparée.

9°. *Les glandes*, formant un paquet au-deffous de
la peau à la partie fupérieure de l'auge ; les vaiffeaux
qui en partent déchargent dans les veines voifines
la lymphe qu'ils charrient ; d'autres fe propagent
fur l'encolure, & fe rendent à d'autres glandes.

10°. *Les glandes maxillaires*, d'environ un demi-
pied (feize centimètres) de longueur, fituées dans le
canal ou l'auge près de la face interne de l'extrémité

fupérieure de la mâchoire poftérieure ; ces glandes
font au nombre de deux ; leurs canaux excréteurs
paffent au-deffous du mufcle milo-hyoïdien, gagnent le long de la partie interne des fublinguales,
percent la membrane interne de la bouche , & s'ouvrent à la partie inférieure du canal, à l'endroit
où fe montrent les barbillons près des crochets, &
verfent dans cette cavité la falive qu'ils charrient.

11°. *Les glandes fublinguales*, fituées à la partie
inférieure de l'auge ; leurs canaux excréteurs pénétrant dans la bouche le long des parties latérales & inférieures du canal, & y dégorgeant pareillement une certaine quantité d'humeur falivaire.

12°. *La glande vélo-palatine*, placée entre les
membranes qui forment le voile du palais ; elle en
occupe toute l'étendue, fes canaux excréteurs dégorgeant immédiatement dans la bouche l'humeur
qu'elle a filtré.

13°. *Les glandes*, que l'on pourroit appeller *ton-
files*, fituées entre les deux piliers du voile du palais, une de chaque côté ; elles ont un pouce &
demi (quatre centimètres) de longueur, & verfent auffi dans la bouche, par quantité de petits
orifices, l'humeur qu'elles ont reçue.

14°. *Les follicules*, que l'on peut obferver à la
bafe de la langue.

15°. *Les glandes labiales* ou *buccales*, refultant

de celles qui font placées entre le mufcle orbi-culaire des levres & la membrane qui les revêt.

16°. *Les glandes palatines*, ou les *cryptes*, ré-pandus dans l'épaiffeur de la membrane qui tapiffe le palais.

307.   Les glandes du col, ou de l'encolure, font :

1°. *Les glandes thyroïdes*, placées une de chaque côté, à la partie antérieure de la trachée-artere, immédiatement au-deffous du larynx; ces glandes communiquant l'une à l'autre par le moyen d'une forte de canal, quelquefois par plufieurs petits tuyaux. L'ufage n'en eft pas encore connu.

Les arythénoïdiennes, les *laryngiennes*, les *épi-glottiques*, verfant une humeur onctueufe qui enduit le larynx, & qui en prévient le defféchement.

3°. *Les glandes pharyngiennes* verfant une hu-meur femblable dans le pharynx.

4°. *Les follicules*, ou les *cryptes*, fe manifeftant par des pores à la furface interne de la trachée-artere, & fourniffant fans ceffe un fluide onctueux qui en rend les parois humides, liffes & gliffantes. (*Voyez* 374. 9°.)

5°. *Les œfophagiennes*, réfultant de quelques corpufcules glanduleux, qui fe montrent quelque-fois dans l'œfophage.

6°. *Les glandes gutturales* & *les glandes cervi-cales*, que l'on apperçoit le long de l'encolure au-deſſous de la peau , & entre les muſcles ; celles-ci paroiſſant être deſtinées à recevoir la lymphe de toutes les parties du col & de la tête , & les vaiſ-ſeaux qui en partent la tranſmettant dans toutes les parties voiſines

308. Les glandes du thorax , ou de la poitrine , ſont :

1°. *Les glandes bronchiques*, placées dans le lieu de la bifurcation de la trachée-artere , & dans celui des diviſions & des ſubdiviſions de ce canal , & filtrant vraiſemblablement une partie de l'hu-meur épaiſſe que l'on trouve dans les bronches. *Voyez* 375 , 12°.)

2°. La *glande* appellée *thymus*, & par quelques-uns *fagoue*, ſituée à la partie antérieure & in-terne de la poitrine , dans le ſecond écartement du médiaſtin ; cette glande étant très-conſidérable dans le poulain & dans le veau , & preſqu'entiére-ment effacée dans les vieux chevaux. Rien de plus incertain que ſon uſage. On conjecture qu'elle en a un dans le fœtus , puiſqu'elle diſparoît dans les animaux vieux & dans les adultes. *Morand* l'a regardée comme une eſpece de poumon , qui par ſa nature & ſans l'action de l'air , donne une pré-paration au ſang encore laiteux. (*Voyez-en la deſcription particuliere ci-après*, 369.)

3°. *Les glandes*, formant un paquet conſidérable à la circonférence de la veine cave & de l'aorte antérieure, & étant du genre des conglobées, les vaiffeaux qui en partent vont dépofer la lymphe qu'ils charrient dans le canal thorachique.

309. Les glandes de l'abdomen, plus nombreufes & plus confidérables dans cette cavité que dans toute autre, font :

1°. *Le foie*, qui eft une maffe vraiement glanduleufe, fituée à la partie antérieure & latérale droite de cette capacité ; la plus grande partie de la fubftance de ce vifcere étant formée d'une multitude de grains glanduleux, dont les canaux excréteurs réunis compofent le canal hépatique ; ce canal dépofant la bile qu'il a reçue des autres petits canaux dans la portion des inteftins qui avoifinent le plus le ventricule. (*Voyez ci-après la defcription détaillée de ce vifcere, 326.*)

2°. *Le pancréas*, fitué au-deffous du corps des dernieres vertebres dorfales, entre les reins & l'eftomac ; ce corps, d'une forme triangulaire, étant formé par la réunion de nombre de petites glandes dont les canaux excréteurs vont fe rendre dans deux canaux excréteurs communs, l'un deux, qui eft le principal, s'ouvrant dans le canal hépatique, l'autre verfant dans le premier inteftin le fuc pancréatique, dont l'ufage eft d'aider à la digeftion. (*Voyez ci-après, 327.*)

3°. *Les cryptes*, vus dans le ventricule des chiens,

des porcs , & par l'illuftre *Morgagny* , dans lef-
tomac humain , ces cryptes n'étant pas toujours
également fenfibles dans le cheval.

4°. *Les glandes lymphatiques* , au nombre de
deux , & quelquefois d'une feulement , fituées le
plus fouvent à l'entrée des vaiffeaux dans la rate ,
abfentes , ou prefqu'invifibles dans le plus grand
nombre des chevaux , les tuyaux qui en partent
dépofant la liqueur qu'ils charrient dans le réfervoir du chyle.

5°. *Les reins* , fitués hors du fac propre du péritoine , à quatre ou cinq travers de doigt (fix
à huit centimètres) des vertebres lombaires ,
dans l'efpace qui eft entre les dernieres fauffes côtes
& la crête des os des îles ; ces corps glanduleux
féparant du fang la liqueur que nous nommons
urine. (*Voyez* 330.)

6°. *Les reins fuccenturiaux* , appellés par que-
ques-uns *glandes fur-rénales* ; placées à quatre travers de doigt (fix à fept centimètres) des premieres
vertebres lombaires , un de chaque côté , environ
un ou deux doigts (deux à trois centimètres) au-
devant du rein , très-gros & très-apparens dans le
fœtus humain , très-petits dans le fœtus du cheval ,
diminuant de volume dans l'homme , augmentant , au contraire , de volume dans les vieux chevaux. Leur ufage eft encore inconnu. (*Voyez* 329.)

7°. *Les glandes lombaires*, fituées dans le baffin aux environs des vertebres des lombes, les vaiffeaux qui en partent conduifant la lymphe qu'ils ont reçue dans les veines voifines & dans le réfervoir du chyle.

8°. *Les glandes iliaques*, & les *glandes facrées*, ayant les mêmes fonctions que les lombaires.

9°. *Les corpufcules glanduleux*, qui n'ont aucun fiége fixe & certain, mais dont la veffie eft munie, & qui y filtrent l'humeur onctueufe qui défend la quatrieme tunique, ou la tunique interne, de l'impreffion des fels urineux.

10ᶜ. *Les glandes inteftinales*, répandues dans toute l'étendue des inteftins, entre leur membrane cellulaire & la membrane veloutée, verfant dans ce canal une humeur qui le lubréfie, qui le rend plus fouple & plus gliffant, qui facilite la marche & la defcente des alimens, &c.

11°. *Les glandes méfentériques*, très-multipliées à la portion qui répond aux inteftins grêles, de même qu'aux gros inteftins, & très-fenfibles à l'endroit où le méfocolon leur fert d'attache & s'écarte pour les envelopper ; ces glandes fe montrant, & encore plus diftinctement fous un volume affez ample, près des vertebres lombaires, que partout ailleurs, où elles ne font, en quelque forte, apparentes que dans un état contre nature. On

peut

peut les ranger fous trois claffes, la premiere formée de celles qui font près des inteftins ; la feconde,
de celles qui en font un peu plus éloignées ; la
troifieme, de celles qui font près des vertebres des
lombes. Elles foutiennent & affermiffent les vaiffeaux lactés & lymphatiques qui les traverfent :
de-là elles ont été regardées comme des glandes
lymphatiques, quoique lors de la digeftion elles
perfectionnent le chyle qui en pénetre la fubftance.
Dans ce dernier cas, on pourroit les nommer,
eu égard à cet ufage, *glandes lactées.*

310. Quelques-uns n'envifagent point les tefticules
comme des glandes ; d'autres les ont regardés,
attendu leur ftructure, comme des glandes conglobées ; quelle que foit la diverfité des opinions,
ils font ici l'office de glandes conglomérées ; ils féparent, en effet, du fang la femence portée enfuite
par de petits canaux femblables à des tuyaux excréteurs, qui donnent naiffance aux épididymes ;
ces mêmes épididymes font eux-mêmes le principe des canaux déférens qui charrient & verfent
cette même humeur dans les véficules féminales ;
mais, abftraction faite de ces parties, nous dirons
que les glandes des parties de la génération dans
le cheval, font :

1°. *La grande proftate,* fituée fur le col de la
veffie, fes canaux excréteurs, au nombre de dix

(370)

à douze , s'ouvrant dans le canal de l'urethre, & y verfant une liqueur dont l'ufage eft de lubréfier le canal & de fervir de véhicule à la femence.

2°. *Les petites proftates*, appellées dans l'homme les *glandes de Cowper*, fituées quatre doigts (fix à fept centimètres) plus bas que la grande proftate, aux parties latérales de l'urethre, leurs tuyaux excréteurs s'ouvrant dans ce canal par dix ou douze mammelons, & y dépofant une liqueur dont l'ufage eft le même que celui de la liqueur de la grande proftate.

3°. *Les cryptes*, ou les *follicules glanduleux*, que l'on apperçoit quelquefois dans les véficules féminales, & qui y filtrent peut-être une humeur qui en empêche l'oblitération dans les chevaux hongres.

4°. *Les cryptes*, placés dans le tiffu fpongieux de l'urethre, dépofant dans ce canal par quantité de petits orifices, ou pores répandus dans toute fon étendue, une humeur onctueufe, propre à le fauver des effets de l'impreffion des fels urineux.

5°. *Les corpufcules*, formant des glandes odoriférantes placées à la circonférence du prépuce & de la tête du membre de l'animal, & verfant une humeur febacée qui facilite le mouvement de ces parties l'une fur l'autre, & qui prévient toutes les fuites fâcheufes & ordinaires des frottemens. (*Voyez* 334, 340, 4°.; 344, 345.)

311. Les glandes des parties de la génération, font,
dans la jument:

1°. *Les cryptes*, formant ce que l'on a appellé
dans la femme les *glandes botriformes*, répandus
dans l'intérieur du vagin. Ils verfent une humeur qui
humecte & lubréfie ce conduit, & qui paroît la même
que celle qui annonce la chaleur dans la cavale.

2°. *Les corpufcules*, ou les *lacunes*, appercevables fur le tiffu fpongieux du prépuce du clitoris, & verfant une humeur glaireufe qui fe répand
entre les plis & les rides que forme en cet endroit
le commencement de la membrane du vagin.

3°. *Les follicules glanduleux*, étant à toute la
circonférence de la vulve au-deffous de la peau,
ces corpufcules différant les uns des autres par
leur couleur, leur forme, ainfi que par leur volume, & répandant à la furface de la peau une
humeur fébacée, propre à entretenir la foupleffe
de ces parties, & à prévenir les excoriations qui
auroient pu réfulter des frottemens. (*Voyez* 349,
6°. & 350, 8°.)

312. Les autres glandes, à confidérer en différentes
parties, font:

1°. *Les mammelles*, fituées dans la jument à
la partie poftérieure & inférieure de l'abdomen.
(*Voyez* 317.)

2°. *Les corpufcules glanduleux*, placés dans l'épaiſſeur de la peau des ces mêmes mammelles, & à la circonférence du mammelon, & verſant une humeur graſſe & huileuſe, qui obvie ici comme ailleurs aux ſuites des frottemens.

3°. *Les glandes axillaires*, formant un paquet de chaque côté à la partie antérieure & latérale externe de la poitrine, près des veines axillaires, & tranſmettant, par le moyen des vaiſſeaux qui en partent, la lymphe qu'elles ont reçue des parties voiſines dans les vaiſſeaux veineux ſanguins.

4°. *Les glandes ſous-ſcapulaires*, étant des glandes du même genre, placées à la ſurface interne de l'omoplate.

5°. *Les glandes inguinales*, formant un paquet aux environs du pli de la cuiſſe, les canaux qui en partent verſant la lymphe dans les veines voiſines.

6°. *Les glandes coccygiennes*, de même nature que les inguinales, & placées en petit nombre entre les muſcles de la queue.

7°. Enfin quelques *autres glandes*, placées entre des muſcles. Leur nombre, leur ſituation, leur figure, leur volume n'ayant rien de certain & de conſtant, nous croyons pouvoir nous diſpenſer d'en faire mention dans ce *Précis adénologique.*

FIN DU PREMIER VOLUME.

TABLE DES MATIERES

CONTENUES

Dans le premier Volume du Précis anatomique
du corps du Cheval.

Précis Myologique.

Précis Angéiologique.

Fin de la Table du premier Volume.